中谷和夫
NAKATANI Kazuo
工学博士

ビールを極める

ビールの達人が語る
『ザ・プレミアム・モルツ』誕生秘話

双葉新書 032

はじめに

「お飲み物はなににいたしましょうか」

「とりあえずビール。生チューを人数分」

お店でよく見かける風景です。ビール以外の酒ではまず考えられません。「とりあえずウィスキー」「とりあえずワイン」と注文する人はおそらくいないでしょう。たしかにビールは喉の渇きを潤すのにもってこいの飲み物なので、「とりあえずビール」と注文してしまうのも理解できます。

しかし皆様は、ビールに対して、単に喉を潤すことだけを期待しているのでしょうか。いろいろな国のビール文化に接してみますと、どうもそれだけでないように思われるのです。

古来より「酒は百薬の長」と語り伝えられてきた一方、最近では健康に与えるアルコール問題なども取り上げられ、いったいどちらが正しいのかと迷われる方も少なからずおられるのではと思われます。「どちらも間違っていない」というのが私の個人的な見解で、「酒」と「アルコール（エタノール）」はまったく別物だということです。

エタノールだけの影響を調べれば、まず健康に良いというデータは出てこないと思います。一方、酒は、エタノールがその主成分であることは間違いありませんが、それ以外の身体に良いと思われる成分もたくさん含んでいます。それよりなにより、酒を飲んでいる雰囲気はたいてい陽気で楽しく、日頃のストレス解消に一役かっているのは間違いないでしょう。また疫学的にも適度な飲酒は、何も飲まないよりも長生きするとの結果も出ています。とりわけビールはその成分的にも、飲まれるシーンも含め、より健康に寄与するのではないかと思っています。

こうした見地での一つの大きなテーマとして、２００３年に『とりあえずビール　やっぱりビール！』を出版しました。それから8年余りが経過し、長い歴史を持つ伝統的なビール業界に、日本国内のみならず、世界的にも大きな変化が見られました。

まず世界に目を移してみますと、中国のビール産業の成長が著しいのが目につきます。中国が台頭するまでは、米国が長年圧倒的な首位の座を守っていましたが、21世紀に入って、あれよあれよという間に中国が第1位の座を奪い取るや、現在はおおよそ世界のビールの25％が中国で生産されるまでになったのです。２００９年の中国のビール生産量は４２００万kℓ（キロリットル）余り、２位の米国が２３００万kℓほどですから、いかに中国のビール産業が成長したかがおわかりいただけるかと思います。ちなみに日本は６００万kℓで7位となっています。

中国のビール産業の成長以上に驚かされる出来事が、２００8年に起こりました。世界No・1のブランドであるバドワイザーで有名な米国のアンホイザーブッシュが、なんと欧州の小国ベルギーのビール会社を母体とするインベブ社に買収されたのです。しかもその買収金額は、当時の為替レートで約5兆円といわれています。私たちの想像を超えた出来事でした。その結果、アンホイザーブッシュ・インベブグループが世界の約25％のシェアを持つまでになっています。このように世界のビール業界は一層の寡占化が進んでいるのです。

一方、日本国内に目を移しますと、「発泡酒」に加え、２００３年には麦芽を一切使わない、いわゆる「第３のビール」と呼ばれる新たなカテゴリーの〝ビール風味飲料〟が発売されました。その後も酒税法改定と相まって、麦芽を使わないビールに加え、酒税法的にはリキュール類に含まれる〝ビール風味飲料〟も発売され、ビール市場には大変多くの銘柄が出現しました。

このように、発泡酒や「第3のビール」のような低価格の商品が大きくシェアを拡大しているのは確かですが、その一方で、『ザ・プレミアム・モルツ』や『ヱビスビール』のような、値段の高い〝プレミアムビール〟の人気が高まっているのも不思議な現象です。

わずか8年間ではありますが、ビール業界が大きく変化しましたので、『とりあえずビール　やっぱりビール！』の内容をベースにして、この間のいくつかの出来事を新たに盛り込んだ形で再度出版する運びとなりました。ビール党の皆様がビールを飲まれるときの「もう一つのつまみ」としていただければ幸いです。

もくじ

第6章　ビールと健康

ビールの分類

（　）内は代表例

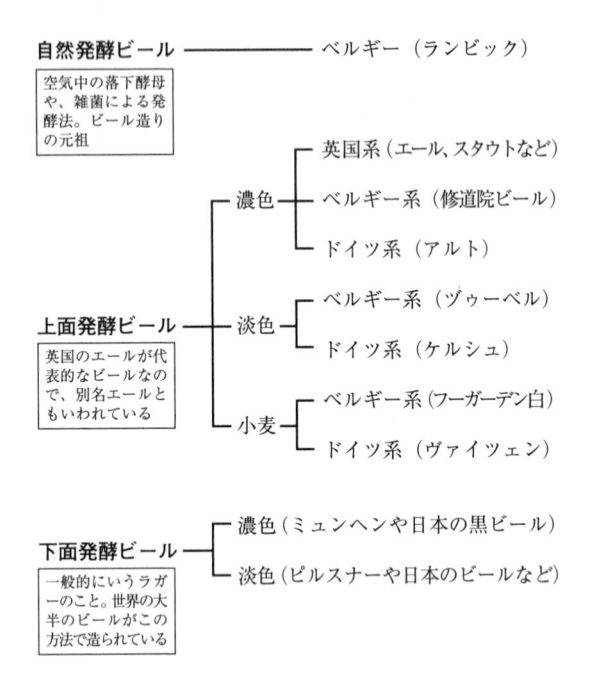

- **自然発酵ビール** ── ベルギー（ランビック）
  - 空気中の落下酵母や、雑菌による発酵法。ビール造りの元祖
- **上面発酵ビール**
  - 英国のエールが代表的なビールなので、別名エールともいわれている
  - 濃色
    - 英国系（エール、スタウトなど）
    - ベルギー系（修道院ビール）
    - ドイツ系（アルト）
  - 淡色
    - ベルギー系（ヴゥーベル）
    - ドイツ系（ケルシュ）
  - 小麦
    - ベルギー系（フーガーデン白）
    - ドイツ系（ヴァイツェン）
- **下面発酵ビール**
  - 一般的にいうラガーのこと。世界の大半のビールがこの方法で造られている
  - 濃色（ミュンヘンや日本の黒ビール）
  - 淡色（ピルスナーや日本のビールなど）

※熱殺菌、非熱殺菌（生）ビールの製造は、いずれのカテゴリーでも可能である。日本はほぼ１００％が非熱殺菌（生ビール）であるが、世界の各国では非熱殺菌法は一部のブランドに適用しているに過ぎない。

序章

『ザ・プレミアム・モルツ』最高金賞受賞秘話

◆ビール事業に見えた一筋の光

ベルギーのモンドセレクション＊本部から1通の知らせが届いたのは、2005年5月のことでした。

「Grand《グランド》 Gold《ゴールド》 Medal《メダル》 受賞」

「グランド ゴールド メダルって何のことだ？」

モンドセレクションに出品した担当者も醸造技師長も、このとき、その意味と価値が理解できませんでした。それもそのはず、ビール業界では、日本で初めての「グランド ゴールド メダル」受賞だったからです。

「ゴールド」の上に「グランド」ってつくんだから、どうやら金賞（ゴールド）より上の賞ではないか？　だけど、初めて耳にする言葉であるし、各方面から調べてみてようやくわかってきたことは、「ゴールド メダル」（金賞）は比較的多いが、「グランド ゴールド メダル」となるとそう簡単ではないらしいということです。

＊モンドセレクション／1961年に設立されたブリュッセル（ベルギー）に本部を持つ、食品分野を中心とした製品の技術的水準を審査する団体、またはそこから与えられる認証。

欧州駐在員にも連絡を取っていろいろ調べていくと、「グランド ゴールド メダル」は、少なくても日本のビール業界では初めてだろうし、世界を探してみてもビール関係ではほとんどないみたいだ、との情報が上がってきました。

その情報をビール事業部に伝えると、4月から新たにビール・RTDカンパニー長に就任していたM氏は、過去宣伝部長も勤めた経験もあり、「ビール事業に一筋の光が見えた」と感じたようです。

2004年、秋。

「出品してみよう」

当時のビール&RTDカンパニー長Y氏のひと言から、『ザ・プレミアム・モルツ』のモンドセレクション「最高金賞」(グランド ゴールド メダル) 受賞の物語は始まったのでした。

2004年のサントリービール事業は、シェアは何とか10%台は維持していたものの、競合他社の攻勢にあい、発泡酒発売以降成長を続けていた勢いは薄れ、おまけに「第3のビール」は競合他社に先行され、全体的に沈滞ムードが漂っていました。

この状況を打破しない限り次の飛躍がないのは誰もがわかっていたことですが、その打開策がなかなか見えてこないのです。そこでY氏はモンドセレクション出品の話を、『ザ・プレミアム・モルツ』の若手醸造担当者に持ちかけたのです。

以前、中国の合弁会社の総経理をやった経験のあるY氏は、当時も合弁会社のビールをモンドセレクションに出品して「金賞」(ゴールド メダル)を受賞した経験がありました。品質の訴求に役立ったとの思いがあったのです。

ミニブルワリーから生まれた『ザ・プレミアム・モルツ』

話は少し過去に遡りますが、『ザ・プレミアム・モルツ』の原型は1989年に武蔵野ビール工場内に新製品開発用プラントとして建設した「ミニブルワリー」に端を発します。アサヒビールの『スーパードライ』出現でサントリーのビール事業は苦戦を強いられ、なんとか起死回生の新製品を開発しなければと、このプラントで種々のビールを試作し、直営店で樽生を販売しながらお客様の反応を調べていました。そのなかの最有力商品が、麦芽100%でホップの香り立ちの良い、特徴ある『モルツ・スーパープレミアム』という名前のビールだったのです。

このビールを飲んだお客様からは、「ホップの香りが効いていて、味も濃く泡もきれいで美味しい」との評価をいただくことが多かったので、２００1年に缶・瓶にも詰め、全国通年販売を始めたのでした。

初年度は大瓶換算50万ケース弱（サントリービール事業全体の1％弱）、翌年は微減という状態でしたので、２００3年に『ザ・プレミアム・モルツ』と名前もラベルも一新し一層の飛躍を期しました。

しかし、誰もが事業の柱に育てたいとの希望は持っていたものの、値段が高いということもあり、販売量はやはり50万ケース前後となかなか思うような展開にはなっていきませんでした。

当時のプレミアムビール市場（値段が普通のビールより高い市場のこと）は、長い歴史のあるエビスビールの独壇場で、佐治社長の「エビスに追いつき、追い越せ」との一喝にもかかわらず、世の中のお客様はなかなか反応を示してくれませんでした。

『ザ・プレミアム・モルツ』をお飲みになった方々の評判は良くても、残念ながらその輪が広がっていかないのです。

若い醸造担当者は、「出品してみよう」と言われたものの、モンドセレクションそのものもほとんど知らなかったため、何から手をつけて良いのか分からず、何度もメールでベルギーの本部に手紙を出し、やっとの思いで出品申請の用紙を取り寄せることができました。

次は出品のビール選び。当時は『ザ・プレミアム・モルツ』をもっと美味しくしたいと、いろいろ試行錯誤を重ねていましたので、どの方向の製品を出品するかで、なかなか結論が出ませんでした。

A部長は、「ザ・プレミアム・モルツはあえて言うなら飲みにくいと思われるくらいコク、があったほうが良い」

B部長は、「そうは言ってもビールはある程度飲みやすく、クッと喉を通るほうが良い」

という具合でした。

若手の担当者は、A部長の「飲みにくい……」という意味がよく理解できませんでした。

「飲みにくいのが、どうして良いんだろう」

と、思ったのです。

最後は、全員で目隠しで評価を行い、一番高得点の製品を出品しようということで、なんとかまとまりました。このとき選ばれたのはコクのあるほうでした。

ラベルや瓶などの外観も評価の対象になるとのことで、送付の際に傷がつかないように、さらに日光臭が付かないように、運送業者に「途中で絶対空けないように」とお願いして発送したのでした。２００５年1月のことでした。

関係者の大半は、モンドセレクションの審査がいつで、いつごろ連絡が来るかなど知りませんでした。皆、日常の業務に忙殺され、出品したことすら忘れかけていた5月のある日、武蔵野工場に1通の封筒が届いたのです。どうやら出品した『ザ・プレミアム・モルツ』は、「グランド ゴールド メダル」を受賞したらしい。……それが冒頭のシーンです。

衝撃を与えた〝最高金賞〟の全面広告

5月の役員会議の席上、カンパニー長からモンドセレクションの「グランド ゴールド メダル」を受賞したことが、全役員に報告されました。

「こんなチャンスは二度と来ない。このチャンスを逸したらサントリービールは永遠に浮かび上がれない。その覚悟でビール事業部はもちろん、営業も含め全社員徹底してくれ」社長の凛とした声が役員室に響き渡りました。

「Grand《グランド》 Gold《ゴールド》 Medal《メダル》」を日本語でなんと表現するか。宣伝を打つ上でこれが大きなポイントとなりました。「金賞」の上の賞など、これまで誰も聞いたことがありません。皆、「金賞」が最高の賞だと思っていましたから、その上に賞があるとは誰も知らなかったのです。いろんな訳語が提案されるなか、「最高金賞」が採用されました。

まもなく、主な全国版の新聞各紙に「最高金賞受賞　ザ・プレミアム・モルツ」の全面広告の見出しが躍りました。ビール党にとって、この広告は衝撃の出来事だったようです。〝最高金賞〟という響きは新聞を読む誰もが初めて目にする言葉で、最初は少し違和感を感じたようですが、〝金賞〟より上の賞だということが分かると、その瞬間から『ザ・プレミアム・モルツ』が売れ始めたのです。新聞広告掲載と同時に、急に全国から注文が殺到したことが、それを物語っています。

『ザ・プレミアム・モルツ』は武蔵野工場だけで造っていましたが、生産が追いつかず、急遽、他工場へと展開することになりました。結果的に2005年は126万ケースと、前年の2・5倍の販売数量を記録したのです。

そして2006年の販売予算を決める席上、

2005年7月、朝刊各紙を飾った全面広告はビール党に衝撃を与えた

「ザ・プレミアム・モルツの予算は、最低５００万ケース」と、社長の一声で決定。皆が唖然としているなか、

「このくらい売らないでどうするんだ。まだエビスの半分にも届かないじゃないか。このチャンスを生かさないでどうするんだ。生産（部門）は２００６年も最高金賞を頼む」

オーナー会社ならではの決断でした。

最初の出品を担当したF君は、グランド ゴールド メダルをもらって間もなく転勤となったため、２００６年の出品は入社2年目のN君に任されました。N君に相当のプレッシャーがかかったのではないかと尋ねたところ、

「この年用のチェコ産のザーツホップは品質が良く、非常に良いホップの香りを付与でき、本当に心からうまいといえる製品を出品できたので、グランド ゴールド メダルを取れなかったら坊主になります」とのこと。結果はN君の自信の通りでした。

3年連続「最高金賞」受賞で「国際優秀品質賞」に輝く

モンドセレクションでは、３年連続でグランド ゴールド メダルを受賞すると、グランド ゴールド メダルに加えて、International《インターナショナル》 High《ハイ》 Quality《クオリティ》 Trophy《トロフィ》（国際優秀品質賞）も

いただけるとのことで、なんとしても3年間は出品してグランド ゴールド メダルを取り続けることが、暗黙の了解ごとになっていました。

２００６年は自信作ができ、さほどプレッシャーがなかったN君でしたが、２００７年用のホップは一変して作況が悪く、『ザ・プレミアム・モルツ』らしいホップ香をつけるのに相当苦労したのです。ビールの原料である麦芽やホップはいずれも農作物なので、それらの品質はその年毎の天候などに大きく左右されます。そうした原料の品質の差をカバーし、できる限り均一の品質を造りこんでいくのが醸造技師の大きな役割ですが、さすがにこのときだけは、N君も出品してから結果の通知が来るまでハラハラドキドキ、胃が痛いというのを初めて経験したそうです。しかしN君の努力が実り、見事3年連続グランド ゴールド メダルを、そしてInternational High Quality Trophyをいただいたのでした。

このような賞をいただけたこともあり、モンドセレクションは一応これで区切りをつけて、翌年からは出品を卒業したのです。販売のほうも、社長の掛け声に後押しされるように、２００６年は目標を超える５５０万ケース、２００７年は９５０万ケース、２０１０年には１４００万ケースを越え、サントリーの主力製品になったのでした。

■ビールの泡は液より苦い

皆様も経験があるかもしれませんが、子供の頃、祖父や親父がビールを美味しそうに飲んでいるとき、泡を舐めさせてもらったことがあります。「非常に苦かった」というのが、そのときの印象です。

その後ビールの研究に取り組むうち、同僚が、「ビールの泡の成分は液体と一緒かどうか確かめよう」ということになり、ビールをグラスに注いだあと、すぐに泡と液体を別々に分けました。

泡もしばらく経つと液体になるので、両者をいろいろな装置を使って分析してみました。

驚いたことに、泡が液体になったビールには、元のビールよりホップの苦味成分が30〜50％も多く含まれていることがわかりました。この現象は、専門的には溶かす物質と溶ける物質の親和性の違いによるわけですが、泡立てるとホップの「イソフムロン」という、苦味の物質がよりくっつき易くなることがわかったのです。

このことから、ビールを缶から直接飲むときと、グラスに注いでしっかり泡を立てて飲むときでは、明らかに液の成分は違ってくるというのがおわかりいただけるかと思います。

グラスに注ぐと味は少々マイルドになります。逆にガスと苦味の刺激が好きな人は、缶から直接飲むのが良いのかもしれません。

この研究を通じて、もともと子供は苦味に敏感ですが、「やっぱりビールの泡は苦かったんだ」と子供の頃の経験を懐かしく思い出しながら、妙に納得したものです。

第1章

ビールはいかにして生まれたか

◆ビールの発明者は誰？

5000年以上も前からあったビール

大阪と京都の府境、天王山の近くにあるサントリーのビール研究所に勤務していたころの話です。

暑い夏の日。出張の帰りに、顔見知りのタクシーに乗って研究所に向かいました。

「今日は本当に暑いですな。こんなに暑いとビールがよく売れるでしょう」

「たしかに暑いほうがよく売れますけど、ビールはサントリーだけじゃないですから。競争は厳しいですよ」

「それもそうですな。しかしこんな日は、家に帰ってグイッとやるビールの味はたまりませんな」

「運転手さんは勤務中は飲めませんから、余計においしいでしょう」

などとばか話をしていると、突然運転手さんが言ったのです。

「所長さん、こんなおいしいビールを発明したのはいったい誰ですか。その人はノーベル賞ものですな」

私は一瞬、返事に詰まってしまいました。

「ほんまにそんな人が居《お》ったら、ノーベル賞以上でしょうね。でも残念なことに、ビールは今から5000年以上も前からあったんですよ。だから誰が発明したとも決められないんですよ」

「そうでっか、そりゃ残念ですな」

このとき以来、タクシーの運転手さんの言葉が妙に印象深く残っているのです。

「ビールの発明者はノーベル賞ものですな」

ビールに限らず、ワイン、日本酒、ウイスキー等々、世界中のあらゆる酒は自然発生的に生まれてきたのですが、その第一歩を印した賢者は必ず存在したはずで、その人たちの功績たるやノーベル賞どころではないでしょう。

この世に酒が存在しなかったら、人生いかにつまらないか、ドクターストップで禁酒された方なら骨身にしみて経験したと思います。

ビールの発明者を探し出して、名誉ノーベル賞を贈ることは不可能ですが、麦から酒を最初に造った部族は記録に残っています。

紀元前約3500年ほど前、古代オリエント文明（メソポタミア文明）の発祥の地で、シュメール人が麦からパンのようなものを造り、壷に入れてお酒を造っている様子が壁画に描かれています。

シュメール人より少し遅れますが、エジプトでも同じようなやり方でビールを造っていたという記録が残されています。ただし、いずれにしても当時のビールは現在の味とはほど遠く、ホップもなければ炭酸ガスも乏しく、おそらく今皆様方が口にすれば、きっと吐き出すに違いないと思われます。そんなビールが5000年以上の歳月を経て現在のビールとなったのですが、ひしひしと歴史の重みを感じずにはいられません。

唾の酵素がビールを造る

麦からパンのようなものを造り、壷に入れてビールを造っていたと表現すると、ビールはいとも簡単にできるように思われそうですが、今皆様方が麦の粉を練って水を加え、壷に入れておいても、そう簡単にビールにはなりません。

ビールに限らず他の酒も同じですが、酵母にアルコールを作らせるためには、まず澱粉《でんぷん》を糖に変えてやらなければなりません。そのためには澱粉を糖に分解するアミラーゼと呼ばれる酵素をなんらかの形で手に入れる必要があります。当時シュメール人がこの酵素を手に入れる方法は二つしかなかったはずです。一つは自分の「唾（つば）」。もう一つは、麦にこの酵素をなんらかの形で作らせる方法です。

子供のころ理科の時間で習ったように、私達の唾にはアミラーゼという酵素が含まれています。ご飯をよく噛んでいると、甘くなってくるのはそのためです。大麦で作ったパンのようなものを噛んだあと、壷に吐き出せばそこそこの糖ができているはずです。こうした方法で造られる酒は「口嚙み酒」と呼ばれ、歴史的にも存在しています。13、14世紀ごろインカ帝国で造られていた「チャチャ（Chicha）」は、それにあたります。

しかしこの方法は、人間が噛まねばならないので非効率的ですし、衛生的にも問題があるでしょう。知恵の優れたシュメール人はこうした方法ではなく、麦に酵素を作らせる方法を用いていたようです。

雨か水に濡れてしまった麦を、天日で乾かそうとしていたら芽が出てきて、それを食べてみると甘かった。それで今度は意識的に同じことをやってみると、やはり同じものができた。こうしてできた麦のもやし（麦芽）でパンのおかゆのようなものを作り、壷に入れて置いておくと、空気中に存在する酵母が壷の中に落下し、酒ができていた。当然乳酸菌等も混入していたでしょうから、甘ずっぱいビールだったと思われます。やがて壷に前のビールを少し残し、同じことをやると、より簡単にビールができることに気づいていく。こんな流れで彼らはビール造りを始めたのでしょう。

あの優秀なシュメール人だから、当時としてはかなり効率的なビールの醸造法を会得していただろうと思えてくるのです。醸造の原理は知らなかったでしょうが、シュメール人のビール造りの基本は、今とほとんど変わっていません。今から5000年以上も前に、私たちのビール造りの原点ができていたとは驚きです。

猿が造った（?）ワイン

酒を造るだけなら、なにもわざわざ麦を使わなくても、もっと簡単な方法があります。5000年以上という、ビールの歴史を上回る酒、ワイン。一説には猿酒ともいわれており、人間より先に猿によって造られていたものと思われます。

ワインの原料はブドウです。ブドウはそのまま食べても甘い。つまりブドウには澱粉ではなく、すでに糖がたっぷり含まれています。大麦のときのように必要な糖化酵素は不要です。ブドウから酒を造るには、単にブドウを集めてきて、つぶして壺に入れておくだけでよいのです。

猿が食用にと集めてきて、木のくぼみに蓄えておいたブドウがワインに変貌していたとしてもなんの不思議もありません。猿が酔っぱらっている様子が絵や物語に出てきますが、おそらく現実によくあることだったのではないかと思われます。

ブドウに限らず、果物には糖分がしっかり含まれているので、果物を原料とした酒造りは、麦、米、トウモロコシのような穀類を原料とした酒造りに比べると、きわめて簡単です。

同じ穀類のなかでも、麦に比べると米は、酒造りに必要なだけの糖化酵素を作らせるのはきわめて難しいのです。日本酒は米ではなく麹菌《こうじきん》というカビの一種に糖化酵素を作らせ、米の澱粉を糖分に変えるという造り方をしています。麦を用いるビールよりさらに工程は複雑で、その分ビールより歴史は新しく、紀元前後ではないかといわれています。

ウィスキーや焼酎のような蒸留酒になると、さらに蒸留という難しい工程が必要になってくるため、その歴史はずっと新しく、10世紀ごろにアイルランドで始まったとされています。

こうして考えてみると、いろいろな酒の歴史は、その造り方の難易度に関連しているのがよくわかります。やさしく造れる酒ほどその歴史は古いのです。その数々ある酒の中で、人間の知恵が入って造られたもっとも歴史の古い酒がビールと考えて間違いないでしょう。

ビールの歴史の中で、その独創性を最初に発揮し、その功績により名誉ノーベル賞を贈るとすれば、私はやはり前述のシュメール人を推薦します。

現在、世界の中で紛争の火種となっている地域で、5000年以上も前にビールが造り始められていたというのは驚きであり、またその地域の人々が、現在ではイスラム教の戒律を厳しく守り、ビール（アルコール）を飲んでいないというのも、皮肉なめぐり合わせです。もう少し戒律を緩め、せめてビールだけでも飲んでよいということにすれば、人間関係がもっと陽気で和やかになり、紛争の火種もなくなる効果があるのでは、と思いながら、「シュメール人に乾杯！」

◆ビールは何種類あるの？

日本のビールの99％は同一種

世界中に、ビールの種類はどれくらいあるのでしょうか。いったい、ビールの種類ってなんなのでしょうか。

1銘柄1種類と考えると、『モルツ』、『スーパードライ』、『一番搾り』などは3種類となり、ヨーロッパの小国ベルギーだけでも1000種類近くあるといわれているので、世界でとなると、ちょっと想像もつきません。

ビールに携わる醸造家の間では、ビールの種類についてちょっと違った分け方をします。たとえば、醸造家の基準で日本のビールを分類すると、皆様が飲まれているビールのおそらく99％は1種類ということになります。麦芽100％の『モルツ』も『スーパードライ』も同じ種類なのです。別のいい方をすると、「淡色《たんしょく》下面発酵《かめんはっこう》ビール」、もしくは、「淡色ラガービール」という種類です。

ここでは醸造家の間で使われているビールの基本的な分類法をお教えしましょう。

大きくはまず次の二つの項目（AとB）で分けます。

A、酵母の種類もしくは発酵法による分類

1．上面発酵ビール

英国を中心とした発酵法。発酵中に泡とともに酵母が液面に浮いてきます。発酵温度も高く、華やかな香りのするビールです。次の下面発酵ビールよりはるかに古い歴史があります。

2．下面発酵ビール

日本の、そして世界の大半のビールがこの発酵法で造られています。酵母は、発酵の終了に近づくと、タンクの底に沈むという特性があります。15世紀ごろ、ミュンヘンの黒ビールが下面発酵酵母で造られていました。おそらく上面発酵酵母がなんらかの形で突然変異を起こしたものと思われます。

上面発酵に比べると発酵温度も低く、低温で長く貯蔵されるので、香りがおとなしく

コクのある味になります。

3．自然発酵ビール

純粋培養した種《たね》酵母を使わず、空気中の落下酵母やその他の雑菌による発酵法で、歴史的にはもっとも古く、前述のシュメール人によるビールはこの方法によって造られていました。

B、ビールの色による分類

1．淡色ビール

琥珀《こはく》色の普通のビール。世界の大半がこのタイプで、飲み口も爽快感があります。

2．濃色ビール

いわゆる黒ビールなどは、もちろんこれに属しますが、とくに黒くなくても褐色のものも濃色ビールといいます。

その他の分類の方法

また、他の視点から分類することもできます。

（a）麦汁《ばくじゅう》の濃さ（アルコールは麦汁濃度の約半分弱）による分類

麦汁濃度が高いと、基本的にはビールのアルコール濃度が高くなります。日本の通常のビールは11％前後です（アルコール濃度は約５％）。

（b）使用する麦の種類やその他の原料の種類による分類

ビール用の麦はほとんど大麦ですが、小麦を使ったビールもいくつかあります。ただ、小麦は殻がないので濾過《ろか》ができなくなるため、大麦麦芽を50％ほど使っており、小麦１００％のビールは一般的には販売されていません。

アフリカでは、ソルガムという日本の粟のような穀物を使ったビールもあります。また東欧からロシアにかけては、ライ麦ビールも造られています。

（c）栄養学的な視点からの分類

ビールに含まれる成分をもとに分類する方法です。ライトビール、ダイエットビールなどがそれに相当します。ともに炭水化物やアルコール含量が少なく、低カロリービールです。
最近注目のノンアルコールビールは、日本ではアルコール含量が1％未満をノンアルコールと呼び、清涼飲料の領域に含みます。もちろん、酒税はかかりません。

（d）製品に酵母が含まれているか否かによる分類

日本では地ビール以外ほとんどお目にかかれませんが、製品中にわざと酵母を入れたビールもあります。酵母入りビールの良さは、酵母が酸素を吸収するので、酸素による劣化がなく、常に新鮮な味が保てます。

これ以外にも分類しようと思えばいろいろな視点での方法がありますが、どんどん細かく分けていくと、最後は「世界にビールは何種類あるの」というところに行き着きます。分類はほどほどにして、自分の好きなビールを探し当てたいものです。

◆近代ビール誕生の秘話

チェコのビール会社に残る150年前の貯蔵庫

1992年の秋、ベルギーでの醸造学会に出席した後、かねてからの憧れだったチェコのピルゼン地方にあるウルケル社を訪問する機会に恵まれました。社会主義国家から自由経済に移行して間もなくの時期だったので、宿泊したプラハの町は活気に満ち、多くの旅行客でカットグラス店や食器店がにぎわっていました。

プラハから西に、高速道路を時速170〜180キロで約3時間ぶっ飛ばすと、ドイツとの国境に近いピルゼン地方に至ります。そこにはひっそりと、しかし悠然と存在するウルケル社が私たちを待ち受けていました。運転していただいたのは、麦芽の輸入業者の方で日本人ですが、奥さんがチェコ人で、もう何十年もチェコに住んでおられるとか。

道すがら、その方がチェコのことについていろいろ教えてくれたのですが、今でも印象

2kℓの木桶の発酵樽

に残っているコメントがあります。

「ここのビールはコクがあり苦味もきついのに、何杯でも飲めるのが不思議なのです。日本のビールは薄いのにすぐお腹が張ってくるんですよ」

ウルケル社に到着し、期待に胸をふくらませながら門をくぐると、早速応接室に。

記録によると、淡色ラガービール、いわゆるピルスナービールが最初に造られたのが1842年、私が訪れたのが1992年ですから、ちょうど150年前の出来事だったのです。

お会いしたウルケル社の醸造技師長（ブルーマスター）から、ウルケル社150年の歴史という社史をプレゼントされ、思わずにっこり。内心、本当に良い年に訪れたものだと、幸運に感謝、感謝。

私がビール醸造関係の研究所長（当時は研究所勤

150年前のまま残されている地下室の貯蔵庫

務でした）ということで、一般の観光コースではなく、原料倉庫から始まって、醸造設備全般、製品倉庫とすべて見せていただきました。なかでももっとも印象に残ったのが、150年前の面影がそのまま残っている発酵と貯蔵施設で、発酵は2kℓ程度の木桶を用いており、木の梯子《はしご》を登って行って発酵の様子を上から眺められるようになっていました。当然私も登らせていただいたのですが、木桶の上部は炭酸ガスが発生しているため、桶に顔を突っこまないよう気をつけねばなりません。

この木桶のタンクを見ただけでも感動ものだったのですが、貯蔵庫に案内されてびっくり仰天。150年前のままですから、貯蔵庫は当然地下室にあります。その地下室たるやまるで蟻の巣のようにあちこちに、ただし整然と、無数の部屋が造られていました。なんとこの地下室は延べ十数キロに及ぶとのことでした。素人が入りこむと、迷って外に出てこれないのではないかと思いました。

地下室の中は水蒸気が立ちこめ、ひんやりとして幻想的な雰囲気で、150年前と異なる点は、冷却法が山から切り出してきた氷から冷凍機にとって変わられたくらいで、まさに感激の一瞬でした。

黒ビールと淡色ビールの関係

ところで1800年の初めごろ、ドイツのミュンヘンを中心としたバイエルン地方では、下面発酵により黒ビールが造られていました。この技術が、チェコのピルゼンに導入されたにもかかわらず、どうしてピルゼン地方で今日の淡色ラガービールが誕生したのでしょう。一般のビールに関する書物には、「ドイツのミュンヘン地域の水は塩分が多く硬水のためpH*（ペーハー）が高く、一部焦げた麦芽を使う黒ビールには適していたが、淡色ビールには適していなかった。一方ピルゼン地方の水は軟水で、淡色ビールを造るのに適していた」というふうに記述されています。私自身も、ビールに関する講演などでは、教科書に書かれているとおりの話をしていたのですが、そうしゃべりながらも自分自身で矛盾を

＊pH（ペーハー）／溶液の水素イオン濃度を表す指数。中性では7で、酸性では7より小さく、アルカリ性では7より大きい。

感じていました。

「水が適していたという理由だけで、黒ビールが淡色ビールに変わるはずがない。しかも軟水、硬水などという知識は最近わかったことで、当時の醸造技師はそのような知識がなかったはずだ。黒く焦がした麦芽を使わないという、当時としては斬新なアイデアをいったい誰が思いついたのだろう」

それで、案内してくださった醸造技師長にこの疑問をぶつけてみたところ、彼はおもむろに説明を始めたのです。

黒ビール造りの醸造技師が酔っぱらったおかげで誕生した淡色ラガービール

「私も当時は当然生まれていないのでたしかではありませんが、この会社内で伝え聞く秘話があります。当時、ドイツの醸造技師（ヨーゼフ・グロル）が、ミュンヘン地方で造っていた黒ビールを伝授しに、この地にやって来ました。当然、彼は黒ビールを造り始めたのですが、ビール好きな彼は仕事中もビールを飲むのが常でした。

ある日、黒ビールのできが悪かったためか、かなり飲みすぎて酔っぱらってしまい、焦がした麦芽を入れるのを忘れてしまったのです（黒ビールを造るには、焦がした麦芽を全体の麦芽量の5〜10％使います)。

やがて数カ月が過ぎて、でき上がったビールの味をみようと容器に取り出してみたところ、色がついていないビール（本当は現在のビールのような琥珀色だったのですが、黒ビールを期待していた醸造技師からすると、色がついてないと思ったことでしょう）が出てきたので、一瞬何事かと慌てたのですが、すぐ事の次第に気がついた彼は、とりあえずそのビールを飲んでみたのです。すると予想に反して、今まで彼が味わったことのないおいしい爽快なビールだったのです。

そこで醸造技師はなにくわぬ顔で皆を呼び集め、『実はこういうちょっと変わったビールを造ってみたのだが、皆さんいかがでしょう、このビールの味は』と大見得をきったのです。そしてそのビールは、酒飲みの醸造技師の予想通り、集まった人々にたいへん好評を博しました。それが淡色ラガービール、つまりピルスナービールの始まりです。ただこの話は、その醸造技師の名誉のため、公にはされていません」

この話を聞いて、これまでの疑問がすっかり解消された思いでした。

ビールに限らず、世の中の重要な、あるいは歴史的な発見・発明は、意外に偶然に起きているケースが多いのです。私たちが今日飲んでいるビールも、１５０年以上も前に、愉快なドイツの醸造技師が酔っぱらったついでに造ってくれたのかと思うと、ビール好きにはなんとなく楽しくて、さらにビールがおいしくなったような気がします。

ちなみに、見学後いただいた淡色ラガービールの元祖、ウルケル社の『ピルスナーウルケル』(Pilsener Urquell)は泡持ちもよく、期待にたがわずうまいビールでした。ホップの苦味成分は、日本の一般的なビールの2倍近くもあるとのことでしたが、後に残らずさわやかで、むしろほのかな甘味を感じる芳醇な味でした。なおビールの名前のウルケル(Urquell)とは「元祖」という意味であり、ピルゼンで生まれたビールという意味で、特別に『ピルスナーウルケル』と呼ばれています。

伝統のビール造りをやめたウルケル社

ウルケル社を訪れてから20年ほど経ちますが、残念ながら、150年間守り続けたウルケル社の醸造設備も、ついに近代化されたようです。私が見せていただいた2kℓほどの木桶の発酵タンクは、なんと100倍近い大きさのステンレスでできた屋外の縦型タンクとなったそうです。もちろん作業効率の悪い地下室の貯蔵タンクも、冷媒によって冷やす大型のタンクに変貌。地下室の貯蔵庫は、ごく一部観光客用に残しているとか。

私にとって幸運だったのは、150年の記念の年というだけでなく、ウルケル社がこうした近代化をはかる前年だったことです。私を案内してくださった醸造技師長が、工事現場を指差しながら説明してくださいました。

「来年からこの大型の屋外タンクが稼動します。生産能力、生産性ともに大きく改善されます」

日本で、大型タンクで醸造する難しさをいやというほど味わっていた私は、失礼とは知りながら、思わず醸造技師長に言ってしまいました。

「大型タンクでは発酵中の泡の分離が悪くなるとともに、炭酸ガス濃度が上昇し、酵母の増殖や香味成分の生成が変わるので、慎重にやらないと今の『ピルスナーウルケル』の味が出なくなりますよ」

彼もそうした知識は持っていたようで、その後何回か日本のビール会社に勉強に来られたようです。私も彼の要望に応じて、私達が過去に行なった研究の文献を郵送して差し上げました。

このとき以来ウルケル社を訪れていないので、近代設備で造られた『ピルスナーウルケル』は味わっていません。伝え聞くところによると、何杯でも飲める『ピルスナーウルケ

させると、やはり100倍もの大きさのタンクで発酵させると、さすがに同じものはできないだろうと思います。

　醸造の知識や技術は進歩し、平均的にはビールの品質は向上しているのは間違いないのですが、長年手造りで造り続けてこられた近代ビールの元祖、『ピルスナーウルケル』がその元祖の味でなくなってしまっているとすれば寂しい限りです。

　その後ウルケル社は南アフリカのビール会社に買収されました。伝統より一層ビジネスが優先されることでしょう。

◆凍ったビールは断食のときに僧侶が飲む

日光と高温はビールの大敵

「日なたは避けて冷暗所に置いてください」

「冷蔵庫では凍らさないようにお願いします」

家庭でのビールの保存について、皆様にお願いしていることがいくつかあります。とくに瓶ビールの場合は紫外線を浴びるとホップの成分が分解し、すぐに特徴ある日光臭が感じられるようになります。この変化を防ぐため、瓶の色を褐色にしているわけですが、それでも夏場では数時間外に置いておくだけで日光臭がついてきます。屋外で透明のグラスで飲んでいると、わずか10分程度でこの臭いが感じられます。

ドイツでは屋外で飲むとき、多くの方が陶器製のふた付きジョッキで飲んでいますが、長年の経験からくる知恵によるものでしょうか。瓶ビールと違い、缶ビールは紫外線が透らないので、日光臭の心配はいりません。といって缶ビールは屋外に置いても良いかというと、そうではありません。紫外線とは別に、温度もビールの大敵です。

日持ちの期間は、温度によってまったく違ってくるのです。冷蔵庫に入れておけば1年経ってもそう大きな変化は起こりませんが、30℃を超すような夏場では、新鮮さが保たれるのはせいぜい1カ月ほどでしょうか。ビール中にごくわずかに含まれる酸素が、ビールの成分と反応して酸化臭という、日光臭とは違う臭いが出てきます。温度が高いほど酸素とビールの成分の反応が早く起こるのです。いずれにしても、太陽はビールにとっては要注意です。

凍ったビールを元に戻しても味が悪くなるだけ

冷蔵庫で長持ちするのなら、冷凍すればもっと長持ちするのでは、と思われる方がいらっしゃっても不思議ではありません。たしかに酸素とビールの成分の反応は進まないので酸化臭はつきませんが、まず第一に凍ることによって瓶が割れるという危険が伴います。缶の場合でも、缶に亀裂が入って中のビールが漏れるケースがあります。

中のビールが漏れてしまった場合はどうにもなりませんが、運良くビールと炭酸ガスが漏れなくても、ビールの味が悪くなります。

凍ったビールをもとの液に戻してグラスに注ぐと、ビールの透明度は悪くなります。凍ることにより、ビール中に溶けている蛋白質などの成分が析出《せきしゅつ》し、オリ*となって出てきます。このオリは、凍ったビールを温めてもとの液体に戻しても、再びビールの液中に溶けて戻ることはありません。液中に浮遊した状態で存在するので、ビールのテリ*が悪くなります。

またオリは単に見た感じが悪くなるだけでなく、ビールの雑味の原因にもなります。飲む前にオリを取り除くことができれば、すっきりした味になるのですが、現実にはちょっと不可能でしょう。

ビールが凍るとシャーベットのようになる

製品になったビールを凍らせるのは良くないのですが、世の中には凍らせて造るビールの造り方があるのですから、醸造とは奥の深いものです。

濃縮果汁を造るときには、一般に冷凍濃縮という技術がよく使われます。

夏の暑い日、ペットボトルに入ったスポーツドリンクやウーロン茶を冷凍庫で凍らせて

＊オリ／液体の中に沈んで底にたまった滓（かす）
＊テリ／透明度、つや、光沢

おきます。瓶や缶は危険ですが、ペットボトルは凍らせても破裂しないので便利な容器です。暑い屋外で、溶けてきた冷たい液を少しずつ飲むのは、なんともいえない快感です。

凍らせた飲料をこのように飲んでいて、最初は濃いのに徐々に水のようになっていくのを経験したことはありませんか。

ペットボトルをそっくり凍らせると、一見全部凍っているように見えますが、凍っているのは水だけで、溶けている成分は水の氷に包まれているだけです。全体としてはシャーベットのようになっているのです。

ビールもゆっくり凍らせていくと、まず成分中の水が凍り始めますが、アルコールやその他の成分は凍りません。半分の水が凍ると、アルコール濃度は2倍になる理屈です。ドイツには、アイスボックと呼ばれる、アルコール度数が8％前後のビールがあります。この場合も元祖は、冬場にたまたま凍らせてしまったのが始まりのようです。

その記録はあまり定かではありませんが、おそらく200年～300年前の出来事だろうと思います。凍ったビールの上澄みを飲んでみると、味が濃くおいしかったのでしょう。僧院を中心に、意識的にビールを凍らせて、濃くして飲むのが流行りました。とくにドイツでは、僧侶は断食の修行中でも毎日一定の量のビールを飲むのを許可されていたそうで、凍らせて濃くなったビールは、彼らにとって栄養補給の意味からもきわめて有用な飲み物だったのです。

スムーズな口当たりの『氷点貯蔵』

この技術を応用して私たちもかつて新製品を開発しました。『氷点貯蔵』という名前で発売し、当初はかなり好評でしたが、競合他社の攻勢で残念ながら長続きしませんでした。

私たちが目指したのは、僧侶の断食用の栄養豊かな濃いビールではなく、凍らせることによって雑味成分をオリとして除いた、すっきりしたスムーズな口当たりのビールでした。貯酒タンクで熟成の終わったビールを、熱交換機でマイナス4℃付近まで冷やすと徐々に氷ができ始めます。氷の量が何十%にもなると、それこそ僧侶の断食ビールとなるので、氷の量を2〜3%程度でコントロールします。

一般に、ビールは水の氷点である0℃付近で何週間か貯蔵されるので、かなりのオリは除かれているのですが、それでもビールの氷点のマイナス4℃近くまで冷やしていくと、さらにオリが出てきます。このオリがそのまま製品に移行すると、家庭で凍らせて飲むビールと一緒になるので、ビール工場では濾過という工程でこのオリを取り除きます。その結果、従来の造り方では実現できない雑味の少ないスムーズな味のビールができるのです。

日常生活でもいろいろ面白いことに出会います。たとえば、豆腐を凍らせると高野豆腐のようになるし、野菜はしわしわになりまずくなってしまいます。つき立ての餅や炊きたてのご飯を凍らせておくと、その状態をある程度保つことができ、電子レンジで解凍しておいしく食べられます。刺身も一旦冷凍されることが多くなりました。冷凍食品の数も年々増加しています。

私達は日常生活において、凍るという自然現象の恩恵をずい分受けているのです。万一ビールを冷凍庫で凍らせてしまった場合は、冷静にその状況を観察して見てください。違うなにかを発見できるかもしれません。

◆麦からワインを造ろうとした国

ビールと食べ物の最高の組み合わせ

「ワインで有名な国はどこでしょう」

たいていの方は、バカにしないでよという顔をして、「フランス」と答えるに違いありません。ところがその隣のドイツになると、いきなりビールが有名になります。食事も大きく変わります。

フランスではフランス料理の豪華な食べ物が豊富ですが、ドイツに行くととたんに質素になり、ソーセージ、キャベツの漬物（ザウアークラフト）、豚の照り焼き風……、あまり食欲がそそられません。

しかし、私にとって、ドイツの中で唯一、これだけは他の国では味わえないというビールと食べ物の組み合わせがあります。

ミュンヘンを訪れる方には是非お勧めしたいのですが、シュパーテン（Spaten）のピルスナービールとミュンヘンの白ソーセージ（Weisswurst）です。多くの人は、ミュンヘンのヴァイツェンビール（小麦ビール）と白ソーセージといいますが、私はヴァイツェンビールの香りが好きでないので、『シュパーテンピルス』となります。ミュンヘンに行くたびに必ず一度は食べます。

この組み合わせがビール党の私にとって最高だろうと思っていました。

白ビールとムッシェルの組み合わせ

しばらくして、ベルギーの学会に出席する機会に恵まれました。ベルギーの首都ブリュッセルから汽車で20分そこそこ、ルーベン（Leuben）という小さな学園町に至ります。その静かな町にルーベンカソリック大学が悠然と広がっています。1425年に創立されたその大学の醸造学科は、世界でもっとも長い歴史を持っています。

私は小学生が遠足に行くような、わくわくした気持ちでその町を訪れました。大学構内で行なわれた学会で発表を終えた後、初めて出会ったその大学の先生に、ある小さなレストランに連れて行っていただきました。レストランに入ると、お客さん達のテーブルには、例外なくやや小さめの鍋が並んでいるのです。

「あれはなんですか」

「ムッシェル」

わずか４種類だけのムッシェル専門店のメニュー

「What?」

〝百聞は一見にしかず〟と、先生は私を隣のテーブルに連れて行き、お客さんの許しを得て鍋の中を見せていただくと、なんと日本でいうからす貝（ムール貝）の大きいのが何十個も入っているのです。

「この店はムッシェル専門のレストランなので、我々もさっそく食べよう」

メニューを見るとたしかにムッシェルばかりです。ほかになにもありません。ムッシェルの料理方法がいろいろあるので、一応４種類くらいのメニューが載っていました。

私は当然一つの鍋を何人かで食べるのだろうと思っていると、１人１鍋注文するのだと聞いて、またびっくり。

「ハーフというのはないのですか」

「No!」

そっけない答えに、仕方なく私も自分の分として、もっとも単純な料理法である塩ゆでのムッシェルを注文。ビールは学会の途中で飲んでみて気に入っていたフーガーデンの白ビール。この組み合わせも、ミュンヘンの『シュパーテンピルス』と白ソーセージに負けず劣らず、すばらしいものでした。少なくとも50個以上はあったであろう大き目のからす貝も、すっかりなくなってしまいました。

「どうだ、食べられただろう」

自慢げに話す大学の先生とそのとき以来すっかり友達になり、その後、妻を連れてベルギーに行ったときも、先生ご夫妻にずいぶんお世話になったのでした。

その先生に、ベルギーのビールの話や食べ物の話をいろいろ教えていただきました。私達がフランス料理と呼んでいるのは、どうやらベルギーが本拠地であり、フレンチポテト（フレンチフライ）もベルギーのブリュッセルが元祖らしいのです。

ビールは？　というと、これまたとてつもなく種類が豊富で、前述の分類に従ってもすべてのカテゴリーのビールがベルギーで造られている、といっても間違いではなさそうです。どう分類していいのかわからないビール（と呼んでいいのかどうか迷うのですが）が、あの小さな国のベルギーのいたるところで造られているのです。樽材のような香りが漂う濃色の修道院ビール。シャンパンのようなランビック。ランビックに果物を漬けたフルーツランビック……などなど。

ランビック（自然発酵ビール）の仕込み装置

驚きの自然発酵ビール、ランビック

なかでもとりわけ特徴的なのが、いまだに空気中の酵母や乳酸菌などに頼って造っているランビックと呼ばれる自然発酵ビールです。このビールを造るには約2年の歳月がかかります。

ランビックの醸造所は大変古く、まるで廃墟のような建物の中で造っているのですが、今にも崩れ落ちそうな建物と、ビール博物館にでも展示していそうな仕込み槽が、優れたランビックを造る秘訣だというのですから驚きです。古い建物の中に住み着いた微生物が毎年安定したランビッ

麦汁を入れておくプールのような容器

クを造りだしてくれるらしいのですが、その微生物も季節とともに変わっていくため、ビールを仕込めるのは10月ごろから翌年の春先までなのだそうです。ホップにしても2年も3年も前の酸化したものを使っています。現在のビール造りに馴れ親しんだ私などは、話には聞いていたものの、実際見たときはびっくり仰天の世界でした。できた麦汁は、底の浅いプールのような容器に入れて冷やされます。このプール状の容器はドイツ語で「キールシッフ(冷却用の舟)」と呼ばれています。ビールの教科書で名前は聞いていましたが、実物を見るのは初めてで、いたく感激しました。冷やしている間に空中から落ちてくる酵母や乳酸菌などの微生物の量と種類がその後の味を決めるらしいのです。まさに、「神様よろしく」といわざるを得ません。

望ましい菌が入ったであろう麦汁は、ウイスキーの貯蔵樽のような木でできた発酵樽に入れられます。現在のように酵母を添加しないので、いろいろな微生物が順次生育してきます。発酵だけでも数カ月もの期間を要するとのことです。

発酵を終えた後、ひんやりした貯蔵室で1～2年ほど寝かされます。

いろいろなランビック

こうしてでき上がったランビックの原液は、さしずめスパークリングワイン、よくいえばシャンパンです。酸味がきわめて強く、それだけで飲むにはやや無理があり、いろいろ工夫がなされています。レストランでは通常のビールと1対1、あるいは2対1で混合して、飲みやすくしたランビックが人気があるようです。

日本の梅酒のように、ランビックビールの原液にさくらんぼを漬けたチェリーランビック（現地語ではクリークランビック）と呼ばれるビールなどさまざまな製品があります。

チェリーランビックはきれいな赤いさくらんぼ色で、味はランビックビールの酸味とさくらんぼの甘味がミックスされ、さっぱりした甘ずっぱい爽快感のある味です。

レストランで「クリークランビック」と注文すると、大きめのワイングラスになみなみと注がれた赤いビールが出てきます。赤ワインと違う点は、赤い液の上にピンク色のきれいな泡が乗っている点です。

発酵後、木樽に入れて寝かされる。左は味見をする著者

その昔、葡萄の豊富なフランスでは赤ワインが、東方のミュンヘンを中心としたバイエルンではビールが造られていたのですが、食べ物に関してはオリジナルを目指すベルギー人（フレミッシュ）は、穀類を使ってワイン的なものを造ろうとしたそうです。おそらく初めからチェリーだけを漬けたのではなく、ラズベリーをはじめ、いろいろな果物を漬けてみたようです。そのなかで、チェリーがもっともおいしく、見た目も赤ワインにそっくりなことから、果汁入りランビックではクリークランビックが長い歴史を持ち有名です。

フルーツランビックというジャンル

最近、果物入りビールを好む若者が増えてきたことから、チェリー以外にも桃（ピーチ）、バナナ、木イチゴ等々、数多くの果物入りビールが造られ、フルーツランビックという一つのジャンルを形成し、ある種のファッションとなっています。

私の友人が経営しているランビックの醸造所に行ったとき、そこで造っている4、5種類のフルーツランビックを試飲させてもらったのですが、クリークランビック以外は甘すぎて、一口飲むのがやっとでした。悪いと思ったのですが、友人が部屋の外へ出て行ったすきに、下水に流してグラスを空にしてしまいました。

しばらくして友人が戻ってきました。

「味はどうかね」

「まあまあだね」

彼の話では、昔はすべてのクリークランビックは本当のさくらんぼの実を漬けていたらしいのですが、現在ではコストの関係で、生のさくらんぼの実を使っているのは、ほんの10%あるかどうかとのことです。ピーチ、バナナ等も含め、現在ではほとんど濃縮果汁を使っているとのこと。商売優先とはいえ、夢がだんだんなくなっていくようで、残念な気がします。

ベルギーを訪れた際には、まず「フーガーデンの白ビールとムッシェル」、次に「ベルギーのコース料理と麦から造ったワイン、クリークランビック」を試してみることをお勧めします。

◆ビールと他の酒の違い

醸造酒と蒸留酒の違い

お酒の分類によく使われるのが、原料と製法による分類です。おおよそ6タイプに分けることができます。

まず原料ですが、大きく、〈麦〉〈米〉〈果物〉の三つに分けることができます。

次に製法による分類ですが、〈醸造酒〉と〈蒸留酒〉に大別できます。

醸造酒からみてみましょう。それぞれの原料に対応する醸造酒の代表選手は、麦がビール、米が日本酒、果物がワインです。

蒸留酒も原料の違いによって分類されます。乱暴ないい方ですが、ビールはウィスキー、日本酒は焼酎、ワインはブランデーに対応します。整理すると次ページの表のようになります。

これ以外にもお酒の種類はいろいろありますが、基本的にはこの6種類の変形、もしくは酒同士あるいは酒と果物、薬草、ジュース等のブレンド（混成酒）になります。もちろん、飲む前にブレンドして、数多くの銘酒を造ることができます。カクテルはその典型です。

蒸留は優れた技術です。この技術を使って、世界各地にはさまざまな原料を使った蒸留酒があります。メキシコのサボテンを使ったテキーラなどはその典型ですが、ロシアのウオッカ、英国のジン、中国の白酒《パイチュウ》なども有名です。また、現在ではブランデーは高価な酒ですが、もともとはワインに使えない品質の悪いブドウの処理に困って始まったといわれています。

原料＼製法	醸造酒	蒸留酒
麦芽	ビール	ウィスキー
米	日本酒	焼酎類
ブドウ	ワイン	ブランデー

こうした酒のなかでビールが決定的に違うのは、炭酸ガスが入っており、かつ泡が豊富に立つということです。ワインでもシャンパンのようにガスが入っているケースもありますが、ビールのような泡は立ちません。

もう一つの違いは、他の酒に比べてビールはアルコール濃度が低いことです。特殊なビールを除き、アルコール濃度が10％を超えるビールはありません。6％を超えるビールも珍しいくらいです。ほとんどのビールはアルコール濃度が5％前後です。

余談になりますが、最近の研究で、アルコールが8％くらいまではアルコール分子の周りを水分子が取り囲んでいるため、細胞に対するアルコールの害が少なくなるということもわかってきました。

日本酒もワインもアルコールが5％のものを造ろうと思えば可能ですが、味が水っぽくなっておいしくありません。ビールはアルコールが低いにもかかわらず、なぜ水っぽくならないのでしょうか。原料の麦芽とホップ、それに炭酸ガスにその秘密が隠されているように思います。

ホップと麦芽の役割（ビールの味の秘密）

研究所時代に、遊び心からホップを入れずにビールを造ってみたことがあります。苦味のない甘いビールができるだろうと思っていましたが、予想に反してホップ成分以外の妙な苦味があり、しかも麦からくる穀物臭が強く感じられ、爽快感がなくおいしくありませんでした。ホップが定着する前は、ハーブや薬草などを入れていたそうですが、雑菌の繁殖を抑えるだけでなく、生臭い穀物臭を感じなくする目的もあったのではないかと、このとき実感しました。

炭酸ガスを入れないとどうなるか、これは誰でも経験できます。いわゆる気が抜けたビールです。とても飲む気が起こってきません。

麦芽を使わなかったらどうなるか。私自身は残念ながら開発に携わりませんでしたが、「第3のビール」*と呼ばれる、麦芽もしくは麦をまったく使わず、ビールと似た風味をもった商品が開発されました。麦芽25％未満の発泡酒でも相当苦労したのですから、麦芽をまったく使わずにそれなりの風味を実現するには相当な苦労があったと想像します。

喉ごしを出すホップ

それにしても日本のビール醸造技術はたいしたものです。
泡についてつけ加えると、麦由来の泡蛋白とホップ由来のイソフムロンと呼ばれる苦味成分がくっつくことにより、消えにくい丈夫な泡が形成されることがわかってきました。何百年も前に数多く使われていた薬草などから最終的にホップが生き残ったのと、このこ

＊第3のビール／ビール、発泡酒とは別の原料、製法で作られたビール風味のアルコール飲料の名称であるが、酒税上のカテゴリーはビールではない。ビール、発泡酒に続くことから、マスメディアによって作られた用語。

とは単なる偶然だったのか、それとも当時の人々はすでにビールの泡の良し悪しも選択基準としていたのか、結果的にはホップというすばらしい原料が選択されたのでした。

ワインはブドウ、日本酒は米というように、原料は基本的に1種類です。現在のビールは必ず麦芽とホップの2種類を使っています。比率は圧倒的に麦芽が多いのですが、わずかに使うホップの役割もきわめて大きいのです。そこにビールの味の秘密を見るような気がします。

アルコールがわずか5％ほどしかなく、しかも10％を超える他の酒と対等以上の味わいと爽快さを醸し出すビールは、不思議な飲み物です。おまけに、後述するように「世界で最も安全な飲み物」であり、かつ「健康にも良い飲み物」ですから文句のつけようがありません。よくぞこの世にビールが存在してくれたものだと、つくづく感謝しています。

◆ビール造りの技術を飛躍的に向上させた3人の人物

酵母の繁殖に成功したハンセン

近代ビール造りが始まるきっかけとなった技術革新が起こったのは、ちょうどピルゼン地方で淡色ラガービールの『ピルスナーウルケル』が造られ始めた19世紀中ごろでした。デンマークのカールスバーグ研究所のクリスチャン・ハンセン、フランスのルイ・パスツール、ドイツのカール・フォン・リンデの3人の名が、ビールの醸造史に燦然と輝いています。

その一方で、これらの技術革新を契機に、それまで手造りに近かったビール造りが、利益追求型の装置産業となっていくのでした。

1880年に、ハンセンが酵母の単細胞分離に成功するかなり前に、酵母の姿を見た人がいました。目に見えない小さな物を見たいという欲望にかられ、1680年に顕微鏡を発明したのが、レーベン・フック。この顕微鏡でビールの発酵中の液体を眺めてみると、卵型をした生物がうようよ漂っているではありませんか。しかし、レーベン・フックはこの小さな物体が酵母であることはもちろん、ビール造りの主役であることすら知りませんでした。

この卵型をした生物を1匹だけ取り出して、その1匹からどんどん殖やすのに成功したのがハンセンなのです。ハンセンは、自分が分離した酵母をサッカロミセス・カールスベルゲンシスと名づけました。現在下面発酵ビール用として用いられているのは同系統の酵母ですが、分類学的にはサッカロミセス・ウバラムと呼ばれています。

一方、上面発酵に使用されている酵母はサッカロミセス・セルビシエと名づけられ、下面発酵酵母とは一線を画していました。空気中に存在するのは、ほとんどセルビシエのほうで、醸造家の間ではなんとなく下面発酵用のほうが高貴なというか、進化した酵母のように思われていました。

今も昔も原理的に変わらない酵母の回収

ところが最近、染色体遺伝子のDNA配列がすべて解明され、両者を比べてみると大差はないとのことで、ウラバムはセルビシエ種に、カールスベルゲンシスはパスツリアヌス種に統一されてしまったのです。

歴史あるカールスバーグ研究所を思い、また百数十年前に名づけ親となったクリスチャン・ハンセンの面影をしのび、長年慣れ親しんできたサッカロミセス・カールスベルゲンシスという酵母が消え去るのは忍びがたいことです。

仮に日本人のルーツを探っていて、ある地域の人のDNAがモンゴル人のDNAに非常に近いとの理由で、あなたを今後モンゴル人と呼びましょうなどとなるはずがありません。醸造酵母もDNA配列ではなく、発酵での酵母の振る舞いや、できるビールの味の特徴で呼び名が違うほうが、なんとなくほほえましい気がしませんか。

話が少々横にそれましたが、ハンセンが酵母を単細胞分離するまで、どのようにして酵母を用い発酵させていたのでしょう。じつは、ぬか漬けの原理に似たところがありました。ぬか漬けは、1回ごとにすべてのぬかを抜いて新しいぬかに変えませんが、ビールの発酵も同じようにやっていました。発酵を終えた液を全部飲用に使ってしまうのではなく、およそ10％くらいの液を残しておき、でき上がった麦汁に加え、次の発酵を行なうという方法をとっていました。

酵母そのものは見たこともなかったのですが、発酵している液の中には、ビールの発酵に必要な生物が存在していることは、経験的に知っていました。

現在でもビールの発酵においては、タンクの底に沈んだ酵母を回収して次の発酵に使います。原理的にはなんら変わりはありません。当時との違いはおそらく微生物管理の差だけではないかと思います。

純粋に酵母だけを使用できなかったため、乳酸菌のような他の雑菌に汚染され、目的とするビールが造れなかったことが幾度となくあったと想像できます。

そのときは、隣の醸造所から種を分けてもらってきたのでしょうか。それともこうしたリスクに備え、良い味のビールができたときの液を、冷やしてとっておいたのかも知れません。

いずれにしても、安定した味のビールを造るのはなかなか困難だったと思います。だからこそ、醸造の香りがそれほど影響されない、色の濃い黒ビールが主流だったのです。

ハンセンが開発した醸造酵母の純粋培養技術は、常に安定したビールの味を実現するのに大きく貢献したわけです。とりわけ色の薄いピルスナービールの味を安定的に造るには、必須の技術ではなかったかと思います。

ビールの発展に拍車をかけた冷凍機の発明

ハンセンの純粋培養技術とともに、ピルゼン地方で始まった淡色ビールの発展を陰で支えたのが、ドイツのエンジニア、カール・フォン・リンデです。1873年、リンデはアンモニア式冷凍機を発明しました。この第1号機は、ミュンヘンのシュパーテン醸造所に導入されたそうですが、それまで自然にできる氷に頼っていた冷却が、必要なとき、必要なだけ冷やせるようになったのですから、大変な技術革新でした。

チェコ・ピルゼン地方のウルケル社の地下室は蟻の巣のように部屋が入りくんでいますが、ピルスナービールが造られ始めた1842年当時は、当然冷凍機はありませんでした。地下室の冷却は、冬場に持ち込んだ氷が頼りでした。醸造技師の説明では、地下室が一つおきに氷の貯蔵庫だったそうです。つまり地下室に100の区切られた部屋があるとすると、50の部屋には氷が、残りの50の部屋にビールが貯蔵されていたのです。それだけビール造りは、いかに冷やすかが大きな課題でした。

ミュンヘン、札幌、ミルウォーキーというと、いずれもビール造りで有名な町ですが、共通して気候の涼しい地域でもあります。熱帯地域でビールが育たなかったのは、気温が高過ぎ、冷やす術がなかったからです。リンデの発明した冷凍機は、ピルゼンで始まったピルスナービールの発展に一層の拍車をかけたのは間違いありません。

このころからヨーロッパの各所でピルスナー、いわゆるラガービールが造られ始めました。

ピルゼンに黒ビールの醸造技術を指導に行ったミュンヘン地域でさえ、自分達が派遣した醸造技師が酔っぱらって開発した新製品（ピルスナービール）を、好んで飲むようになったのです。

一方で、ハンセンが開発した酵母の純粋培養技術の導入により、これまでのように運・不運にまかせるのではなく、ほぼ安定して高品質のビールが造れるようになってきました。そうなると当然、商売を拡大したいという欲望が出てきます。

経営者にとって、その当時の悩みは、瓶や樽などの容器に詰め終わった後、日持ちがしないことでした。造りたてのビールはおいしいけれども、容器に詰めて2、3週間も経つと味が相当変わっていたに違いありません。濾過できちんと除かれずに容器に移行した酵母が容器の中で増えるとともに、おそらく混在していたであろう乳酸菌や野生酵母も瓶の中で増殖するケースが、ままあったと思われます。現在の微生物汚染問題です。これでは消費者クレームが続発し、なかなか商売としてやっていけません。

この問題を解決する方策を見つけだしたのが、フランスのパスツール研究所を創立した有名なルイ・パスツールです。

まだまだ主流の熱殺菌ビール

パスツールは1876年、微生物に関する長年の研究の末、腐敗は微生物によって生じ、熱を加えて微生物を殺してしまうと、外界から微生物が入らない限り再び腐敗は生じることはないとの理論に基づき、パスツーリゼイション、いわゆる殺菌技術を開発したのです。これ以来、世の中のビールは、現在の「生ビール*」の技術ができ上がるまで1世紀以上も熱殺菌されてきました。

日本では1967年のサントリー『純生』発売以降、大半のビールが生ビールになりましたが、世界のビール市場は、まだ熱殺菌したビールが主流です。世界最大のブランド、米国の『バドワイザー』もいまだに熱殺菌しています。

以前、ドイツ、ミュンヘンにあるパルラーナービール工場を訪れたときのことです。瓶ビールを熱殺菌しているというのは工程を見ただけですぐわかったのですが、樽は当然

＊生ビール／熱殺菌していないビールのこと

「生」だろうと思って、案内していただいた醸造技師長（ブラウマイスター）にたずねました。

「樽は熱殺菌なしですか」

「とんでもない。ここで生ビールを出荷したら、私は毎晩枕を高くして眠れません」

さすがに樽の場合は、詰めたあと殺菌するのではなく、樽に詰める前にビールだけを熱交換器で80℃付近まで高め、数秒間保持するという瞬間熱殺菌を行なっていました。ただし、このやり方だと、容器に詰めたあと殺菌する方法に比べ、詰める前にビールの温度を下げなければならないので、そのときに雑菌が混入する可能性があり、やや安全性が劣ります。

いまも苦労している世界の生ビール造り

最近米国を抜いて、世界第1位の生産量を誇る中国のビールもほとんど熱殺菌ビールです。やっと最近、ごく限られたブランドで生ビールが発売されました。

どうしたわけか、中国の生ビールは現在すべて「純生」と呼ばれています。最初、私はサントリーの商標侵害にあたるのではないかと思ったのですが、残念ながら中国では商標登録していませんでした。今や「純生」は中国では一般名詞となってしまっているようで、日本で「生」といっているのと同じことです。

このように、日本ではあたりまえになっている「生ビール」ですが、世界のビール先進国でも生ビール造りにはまだまだ苦労しています。それだけに、三十数年前の『純生』発売は大変な挑戦だったのです。

百数十年の年月を経て、いまだに世界各国のビール会社が熱殺菌に頼り続けているということは驚くべきことです。それだけパスツールのこの技術は、しっかりした理論に裏づけられ、かつ簡単で便利な方法であり、近代ビールの普及に大きな貢献をしたのです。

一方で、もし（歴史にもしは禁物ですが）この発明がなければ、現在のような生ビール醸造技術がもっと早く開発されていたかもしれません。

いずれにしても、現在のビール造りはやっとパスツールの庇護のもとを離れかかろうとしているところです。彼の貢献度の偉大さをつけ加えると、現在のほとんどの飲料は、ビール以上に彼の発明の恩恵を受けているのです。

◆中国のビール事情

飛躍的に増えた消費量

中国はもともとビール後進国でしたが、1990年代になって外国企業の合弁も進むなか、ビールの消費が急激に伸び始めました。2009年には、4000万kℓ（キロリットル）を超え、世界のビール消費量のほぼ25％に達するまでになりました。

1980年は1人当たりの年間消費量がわずか0・7ℓ（リットル）だったのが、2009年には、30ℓを超えました。約30年で1人当たりのビール消費量が40倍以上増えたことになります。ビールの消費量が急激に増えた理由の一つは、経済発展が進み、中国人の平均所得が向上したことによります。現在の平均所得から換算すると、大衆ビールの値段は、日本流にいえば300円から400円くらいのイメージでしょうか。20年以上前は、おそらく1000円以上の感覚だったと思われます。

消費が増えたもう一つの理由は、ビールの味がここ20年近くの間に格段に良くなったことです。

1984年にサントリーは、日本のビール会社で初めて中国との合弁会社を設立しました。場所は江蘇省の連雲港市という田舎の港町です。日本の技術者が行って指導したにもかかわらず、当初はダイアセチル臭と呼ばれる雑巾のむれたような臭いがしたり、瓶詰めのとき大量の酸素が混入し、すぐ劣化臭がしたりで、さんざんでした。

さらに包装容器も大変で、購入した新瓶のうち3割近くが整形不良のため、瓶詰めの途中で割れたと聞いています。一度瓶詰め工程をパスした実績があるとの理由で、回収瓶のほうが新瓶よりも価値があったというのですから、大変な時代でした。

国がビールを中心とするバイオ産業に力を入れたため、1990年代に入り醸造技術、周辺産業も飛躍的に進歩しました。今では生ビールまで販売されるようになっています。

三つの価格帯に分かれる中国のビール

私が、2002年に上海に赴任して驚いたのは、中国ではビールの価格がきわめてまちまちであることです。大きく分けると3段階くらいに分けることができます。上海市場を例にとると、（1元＝13円で計算。大瓶は６４０㎖（ミリリットル）入り）次の三つの価格帯になります。

・高級ビール　大瓶１本　５元超（65円超）
・大衆ビール　大瓶１本　２・５元（33円）
・低価格ビール　大瓶１本　１・５元（20円）

値段だけをみるとそれほど大きな差はありませんが、日本流に考えれば、大瓶１本６５０円、３３０円、２００円で売っているのと同じことですから、ビールと発泡酒や第３のビールの差どころではありません。

上海では大衆ビールが全体の60％近くを占めていますが、この比率は都市によって変わります。田舎へ行くほど低価格ビールの比率が多くなります。海外の企業は基本的に高級ビール市場を狙って参入していますが、高級ビールはほとんど業務店でしか売れないため、利益率は良いのですが市場は大きくありません。

サントリーは主に上海の大衆ビール市場に参入し、幸いにも5年間という短い期間に大衆市場の約70％のシェアを獲得することができました。一部レストラン用に高級ビールも発売していますが、総生産量の10％に達するかどうかといった程度の量です。

中国の人々は、家では安いビールを、レストランへ行くと高級ビールを飲んでいるケースが多いようです。日本でも発泡酒を発売したころは似たような現象がありました。盆や正月になると決まって発泡酒の売れ行きが落ちたのです（普段は安い発泡酒を飲んでいても、盆や正月には値段の高いビールを飲みたいということだったのでしょう）。

中国はもっと極端なようで、低価格ビールはまず通常のレストランにはありません。おそらくそのレストランの名誉にかかわってくるのでしょう。

小瓶のほうが高い中国の市場

中国のビールで、もう一つ信じられないようなことがあります。

スーパーへ行くと、同じビールで大瓶、中瓶、小瓶と並んでいるのですが、値段がどれも同じか、下手すると小瓶のほうが高かったりします。

「大瓶はありふれているが、小瓶は少ないので希少価値があるから高い」

中国人のセールスにたずねると、そういう返事。ビールを飲みたいと思って飲んでいるのか、自分のプライドのために飲んでいるのか、日本人には理解に苦しむ価値観です。

スーパーだけでなく、レストランでも小瓶15元、同じメーカーの同じブランドの大瓶が

12元。メニューの書き間違いではないかと思わずたずね返しても、「間違いではない」との返事。

本当に小瓶を注文する人がいるのだろうかと、首をひねりたくなります。

「ローマに行けばローマ人のするようにやりなさい」ではありませんが、中国も私達が想像できないようなことがたくさんあります。

さて中国人のビールに対する嗜好ですが、これも意外と予想外でした。中国のビールですぐ思い出すのは『青島《チンタオ》』です。日本にも輸出されているので飲んだ経験のある方もいらっしゃると思います。「ドイツ風の本格的ラガービール」というのが、私がもともと抱いていたイメージです。たしかに当初はドイツ人が青島にビール工場を造り、ドイツ風の麦芽100%ビールの製造を始めたそうです。

大きく変化した中国のビール事情

1990年ごろの中国のビールは、かなり重厚なビールが多かったようです。私ども(サントリー)が上海に進出した1996年当時、上海市の大衆市場の約80%のシェアを持っていた『力波《リーポ》』という地元のビールの味も重厚でした。ところが、ビールの味を設計するにあたって嗜好調査をしてみると、日本のライトビールのような軽いビールが好まれるということがわかったのです。

現在では、どの会社も軽いビールを販売するようになりましたが、1996年当時は、一般の方が欲している味が市場になかったのです。消費者の方が求めていた味のビールを発売したのが、成功した大きな要因の一つでした。

この傾向はどうも上海だけでなく、中国全体に似たようなところがあります。私なりにいろいろ理由を考えているのですが、「日本のように水が飲めない」というのが最大のポイントではないかと思っています。中華料理を食べるときビールを飲まないとすると、飲み物はお茶か清涼飲料水、もしくは老酒《ラオチュウ》。お茶はともかく、どれもピンときません。やはりビールがぴったりです。そうなると味わいのある重厚なビールよりも、軽くて爽快感のあるビールのほうが明らかに適しているように思います。

ドイツやベルギーでも水は無料で飲めませんが、彼らはビールの味そのものを楽しみながら飲んでいます。日本はどちらかといえば中国に近いかもしれません。ビールそのものより、食事と一緒にというのが大方の日本人の飲み方です。

上海にもドイツのビールメーカーが経営するパブブルワリーがあります。ドイツ風の麦芽100％のビールや黒ビールが飲めます。

中ジョッキ1杯（500㎖）約1000円という法外な値段ですが、なぜかにぎわっています。西洋系のお客も多いですが、中国人も結構入っています。どのような階級の中国人が、500㎖で1000円のビールを飲んでいるのかわかりませんが、1990年代になって中国のビール市場も大きく変化したのはたしかです。

2005年春に3年間の勤務を終えて日本に戻った後も、ほぼ毎年中国ビール市場と自社ビールの品質チェックをかねて上海を訪れましたが、驚いたことにビールの味はますますライト化していました。日本でいうライトビールそのものです。できれば味や泡を楽しみながら飲めるようなビールも出現して欲しいものです。

第2章

違いがわかるビールの基礎知識

◆19世紀まではすべて生ビールだった

酵母菌は人類に貢献している微生物

「百獣の王ライオンとコレラ菌はどちらが怖いか」

面と向かえばライオンのほうが怖そうです。ともに自然界の生き物ですが、近代兵器に置き換えれば、ライオンは拳銃、コレラ菌は大量破壊兵器に相当するといってもよいでしょう。

人類の歴史は争いの歴史ともいわれています。現在も世界のあちこちで争いが絶えません。古くは目前の敵の野獣と戦うため武器を作り、改良を重ねてきました。その武器が、今度は人間同士の戦いに利用されてきました。これは目に見える敵との戦いの歴史です。

一方で目に見えない敵との戦いが長年続いてきました。今もこの戦いは終わっていません。おそらく永遠に続くのではないかと思われます。

目に見えない生き物「微生物」。地球上にどのくらいの種類がいるのかわかりません。そのなかには我々の敵もいれば味方もいます。肉眼で見ることができないだけに、その存在がわかったのは、今からわずか200年足らず前の19世紀になってからのことです。それまではコレラ菌が流行して、何万人、何十万人が亡くなっても、わけがわからず、神のたたりとか悪霊がついたとかで、村全体を焼き払ったりしたのです。

その一方で、酵母菌のように長年人類に貢献し続けている微生物も数多くいます。発酵食品のすべてが微生物の恩恵を受けていますし、医療に使われている抗生物質なども微生物が生産してくれるのです。私達人間は酸素がないと生きていけませんが、酸素との関係でいうと微生物のなかには次の三つの種類があります。

① 酸素があると生きていけないもの
② 酸素がないと生きていけないもの
③ 酸素があってもなくても生きていけるもの

大量破壊兵器に相当する病原菌は②のタイプで、酸素がないと生育できません。幸いなことに酵母は③のタイプで、酸素があってもなくても生きていけます。子孫を残すためには少々の酸素が必要ですが、自分が生きていくだけなら酸素がなくても大丈夫です。

病原菌と酵母のこの特性の差が、古くから酒が存在し今日まで延々と愛飲されてきた最大の理由なのです。

ビールに求めた「おいしさの持続」

1876年にフランスの科学者ルイ・パスツールが、熱をかけると酵母をはじめとする微生物が死ぬことを発見し、飲料の保存法として熱殺菌法を発明しました。したがって、これより以前のビールはすべて「生ビール」でした。ビールには炭酸ガスが含まれ、酸素がないので病原菌が生育することなく、古くから安全な飲み物とみなされていたので、パスツールが発明したからといって、とくに熱殺菌をしなくても問題はなかったはずです。

ところが、パスツールの発明以降、ほとんどの国でビールの製造に熱殺菌という方法が採用されています。なぜこの方法がこれほどまでに普及したのでしょう。食品の生命線である安全性が保証されていたビールに人々が求めたのは、「おいしさの持続」という、安全性とは別の領域の世界でした。

ビールの発酵中は大量の酵母が存在しているため、少しの乳酸菌や酢酸菌が混入しても大勢に影響はありません。しかし発酵が終わり、貯蔵されたあと、ビール中に含まれる酵母やオリを除くため濾過という工程を経ます。現在は濾過助剤として、主に珪藻土《けいそうど》＊という古代の珪藻が堆積してできた土を焼いたものを用いていますが、19世紀のころは布や綿などを使っていました。こうした濾過では醸造に使われる酵母は大半除去されますが、混入している乳酸菌や酢酸菌などは酵母よりはるかに小さいため、ほとんど除去されることなくビール中に移行します。

ちなみに、酵母の大きさは乳酸菌の数百倍です。乳酸菌にしても酢酸菌にしても、それぞれ乳酸飲料や酢を造るときに使われる微生物で、我々にとってなんら有害ではないのですが、ビールに残っていると、ビール中にわずかに残る栄養素を食べて成長し、乳酸や酢酸を産出します。それだけでなく、副産物としてビールの香りとしては不快なダイアセチルという「むれた雑巾臭」のような臭いのする物質も生産します。造りたてにおいしいと思っていたビールが、10日も経つと、とても耐えられないような味に変わってしまうのです。

ごく限られた人々だけが飲む分だけ造っていた時代ならともかく、ビールを不特定多数の人に売って商売をするとなると、いつ不快な臭いがつくともわからないような状態では、とても安心して商売を続けられません。造りたての味に比べると若干劣るかもしれません

＊珪藻土／ケイ藻の遺体に粘土などが混じった海底や湖底の堆積物

が、その後の大きな変化を防ぐという意味では、容器に詰めた後、熱をかけて濾過をすり抜けてきた微生物を全部殺してしまうほうが、はるかに安心して商売ができるのです。

日本の主流は生ビール

こうしてルイ・パスツールが熱殺菌方法を発明してからは、ほとんどのビールは熱殺菌して造られてきました。

20世紀の後半になって、洗浄技術、濾過技術、微生物の管理技術などが飛躍的に進歩し、生ビールの生産が徐々に増えてきました。しかし、ビールの先進国で、生ビールがビール生産量の50%以上を超えているのは、じつは日本だけなのです。しかも日本の場合は、現在ほぼ100%生ビールです。

米国では、クワーズ社がかなり前から生ビールを造っていますが、世界第1位の生産量を誇る『バドワイザー』で有名なアンホイザーブッシュも、いまだに熱殺菌ビールを造り続けています。以前、生ビールを試したいとのことで、サントリーの生ビール造りの技術供与をしたことがありますが、オペレーター教育、洗浄などいろいろな意味で大変な仕事でした。

その後、この会社で生ビールを造っているという話は聞こえてきません。

ビール造りではやや後進国であった中国でも、プレミアム（高級品）として瓶詰め生ビールが発売され始めました。彼らの発想は、「生ビールを造るには設備、オペレーション等に経費がかかるから当然高級品」という、きわめて素直な発想です。

中国では「純生」が瓶詰め生ビールの一般名詞になっています。40年以上も前のサントリー『純生』が、中国のビール市場で再現されつつあるのを、複雑な気持ちで眺めているのです。

「生ビールから熱殺菌ビールへ、そして再び生ビールへ」

歴史は進歩しながら繰り返されているのです。

◆一番麦汁ってなに？

麦汁はどのようにできるか

「麦の汁」を縮めて「麦汁」。呼び名は「ばくじゅう」。

ビール関係者には聞きなれた言葉でも、一般の方にはなじみの薄い言葉だろうと思います。さらに「一番」という修飾語がつくと、ますますわからなくなっても当然でしょう。

まず簡単に麦汁の造り方を紹介します（詳細は119ページに記述）。

麦のモヤシである麦芽を細かく砕き、お湯と混合してよくかき混ぜることにより、麦芽に含まれる糖やアミノ酸などの成分をお湯の中に溶け出させます。この工程が終わった液の中には、ビールの発酵に必要な糖やアミノ酸などの物質と、麦の殻やお湯に溶けてこなかったその他の成分が混在しています。その混合液からビールの発酵に必要な成分だけをうまく取り出さねばなりません。そのために濾過という工程があります。

日本酒の場合は、発酵、貯蔵が終わった後で、発酵液を「しぼる（搾る）」のですが、ビールの場合は、麦汁を造る工程と発酵、貯酒が終わった工程の2カ所で、日本酒の「しぼる」工程に相当する濾過という工程があります。

後半の工程は、主に酵母や貯酒中にできるオリを除くのですが、麦汁を造る工程の濾過は、ビールに必要な糖分などをできるだけ無駄なく取り出すのが目的です。幸運にも大麦は「稲のモミガラ」に相当する殻を持っています。ビールにはこの殻は不要なのですが、濾過には大変ありがたい物質です。小麦がビールの原料として広く普及しなかったのは、おそらく殻がなかったためだと思います。

麦の殻が混在している液をロイター（濾過槽）と呼ぶ容器に移し、均一になるようかき混ぜます。混ぜるのをやめると、麦の殻がいち早くロイターの底に沈みます。ロイターの底には麦の殻が漏れ出ないよう、小さな穴のあいたスノコの板が敷き詰められています。通常、数十センチの麦の殻の層がいち早くでき上がります。麦芽比率が25%未満の発泡酒の場合は麦芽の使用量が少ないため、この層が薄くなるので、普通のビールと同じような造り方をすると問題となります。

一番麦汁と二番麦汁

麦の殻の層を液が通り抜けるときに、液に含まれている小さな不純物（麦の脂質など）が殻にひっかかり、液だけがうまく通り抜けてきます。こうして最初に通り抜けてきた液を「一番麦汁」、もしくは「一番搾り」と呼んでいます。

1回の濾過で必要な成分がすべて回収できればそれに越したことはないのですが、どうしても何割かの液が麦の殻の層に残ります。この液を捨ててしまうと大変な無駄となるので、ロイターに適当量のお湯を足し、そこに残っている液を洗い流してきます。この液を通常「二番麦汁」と呼んでいます。

一般的には「一番麦汁（搾り）」と「二番麦汁」を合わせて使用します。二番麦汁を洗い出すときのお湯の温度などに注意を払わないと、不要な成分が余分に出てくることになります。

キリンビールが『一番搾り』を発売したとき、一番麦汁だけで造るのと、二番麦汁も使うのと、どんな差があるのかという議論になりました。理論的には一番麦汁だけで造ったほうが良いのはたしかです。しかし、一番麦汁だけだと、麦芽の2、3割を無駄に捨てるだけでなく、排水処理に相当なコストがかかるなど、資源の無駄使いにもなってしまいます。

醸造技術を駆使し、二番麦汁といえども一番麦汁にできるだけ近い品質のものを取り出すことにより、自然の恵みを最大限有効に活用しているのが、現在のビール造りでもあるのです。

◆ラガーと生ビールとドライはどう違う?

ラガービールの意味は「貯蔵」

「車と自動車と乗用車はどう違う」

なかなか難しい質問です。

「ラガーと生ビールとドライ」の差も似たようなところがあるのです。

ラガーと生ビールは、ともに製造方法に基づいた呼び名であり、ドライはビールの味のタイプによる呼び名です。ラガーに対応する言葉はエール、生ビールに対応するのは熱殺菌ビール。ドライは辛口と解釈すれば、対応する言葉は甘口となるのでしょうが、ビールには甘口ビールというのはありません。

このなかで、生ビールと熱殺菌ビールの識別は簡単にできます。発酵中、酵母はインベルターゼと呼ばれる糖を分解する酵素を産出します。この酵素の活性は一般に用いられている熱殺菌の条件ではなくなってしまうので、製品中のこの酵素活性を測ることによって、熱殺菌しているか否かがわかります。したがって、熱殺菌ビールを生ビールといってごまかすことはできません。

ラガーはドイツ語の「Lagerung」からきており、「貯蔵する」という意味があります。現在は日本をはじめ、世界の大半の国ではラガービールがほとんどです。

ラガーの対をなすエールは、英国を中心に19世紀初めごろまでは優勢を保っていましたが、1842年に、現在のチェコ・ピルゼン地方で淡色のラガービール、『ピルスナーウルケル』が誕生してその地位が脅かされ始めました。また冷凍機の発明で1年中冷却することが可能になり、この流れが加速され、エールに比べると繊細で爽快な味の淡色ラガービールが世界中に広がり始めたのです。

エールは、上面発酵酵母を使い20℃付近で発酵を行ない、ほとんど貯蔵をしないで製品にします。したがって醸造期間も10日程度と短く、ある意味では効率的に造れます。

地ビールでは、上面発酵酵母で造る英国のエールタイプ、あるいはケルシュやアルトビールのようなドイツ系の上面発酵ビールが多いのも、ラガーに比べると醸造法が比較的簡単なのと、効率的に造れるのが理由の一つでもあります。

エールに比べると、ラガービールの醸造法はかなり手が込んでいます。伝統的なラガービールの製造法は、発酵を6～7℃で開始します。その後、発酵によって出てくる熱により10℃くらいまで温度を上げていきます。発酵が7割くらい進んだところで、5℃付近まで冷却し貯酒タンクに移動します。移された発酵液中には、まだ酵母が発酵できる糖が2～3％残っていて、5℃くらいの低温でじっくり発酵を続けます。これを「後発酵」と呼んでいます。

「後発酵」に対して、前半の部分は「主発酵」と呼ばれています。「後発酵」は2週間くらいかかり、さらにそこから冷却し、0℃付近で1カ月近く熟成させるので、仕込み始めて製品ビールができるまで2カ月近くかかります。

現在は酵母の生理学的研究の進歩により、「主発酵」、「後発酵」、「貯酒」の持つ意味がかなりのレベルまで科学的に解明されてきたので、醸造期間が大幅に短縮されました。それでも醸造の主役は酵母なので、依然として1カ月近くはかかっているのです。

『ザ・プレミアム・モルツ』も発泡酒もラガービール

このように、低温で長期間貯蔵するビールのことを「ラガービール」と呼び、英国を中心とした「エール」とは区別されています。

日本では、「ラガー＝熱殺菌ビール」というイメージが強かったのですが、これはまったくの誤解であり、単にキリンビールのメインブランドが長年『キリンラガー』と呼ばれて、かつもっとも遅くまで熱殺菌されていたからに過ぎません。

『ザ・プレミアム・モルツ』、『スーパードライ』、あるいは多くの発泡酒も、カテゴリーとしてはラガービールと呼んでよいでしょう。ラガービールを熱殺菌すると、熱殺菌したラガービール、しなければラガービールの生ビールということになります。

ついでにつけ加えると、「生ビール」と「ドラフトビール」を同義語のように使っていますが、これも間違いで、ドラフトとは野球のドラフト会議のドラフトと同じ意味の言葉であり、「引っ張る。導いてくる」等の意味があります。つまり「樽から管を通してビールを引っ張り出してくる」という意味で使われるので、瓶の生ビールに使うのは本来間違いです。樽の中身が殺菌されていようがいまいが、樽から注ぐビールはドラフトビールということになります。

「日本ではなぜ瓶ビールにドラフトと書いてあるのか」

ヨーロッパの人にそうたずねられたことがあります。彼らが不思議がるのももっともなことだと思います。

このようにビールだけ取ってみても、日本でしか通用しない用語がたくさんあります。「発泡酒」も海外で説明するのは大変です。日本の酒税法から説明しなければなりません。日本も世界有数のビール生産国ですが、使っている用語も含め、ビール文化という視点ではまだまだ後進国といわざるを得ません。商売を重視するあまり、間違った用語をネーミングに使ったりするメーカーの責任が大きいのかもしれません。

「ドライビール」は、アサヒが戦略上つけた名前であり、とくにこれという決まった定義はありません。一般的には自社の通常のビールより残っている糖分がやや少ないのをドライタイプと呼んでおります。ただあくまでも相対的な話であって、残っている糖分が何％以下はドライと呼ぶといった決まりはありません。

糖分が少ないという意味では、サントリーの『ダイエット』などは、ドライ中のドライかもしれません。

『ザ・プレミアム・モルツ』はなんと呼べばいいか。

きっとこうなるのでしょう。

「麦芽１００％、淡色ラガー生ビール」

◆ライトビールはどうして低カロリーか

ビールのカロリー計算

ビールのカロリーはどのようにして決まるのでしょうか。

その前に、食べ物のカロリーはどうして決められているのでしょうか。単純にいうと、「私達が食べた物が体内で完全に消化・分解されるときに発生する熱量」のことを、その食べ物のカロリーと呼んでいます。したがって100kcal（キロカロリー）の物を食べても、下痢などで吸収されずに排泄してしまうと、100kcal取ったことになりません。また繊維質などは体内では分解されないので、たくさん食べてもカロリーにはなりません。

さて、話をビールのカロリーに戻して、まずビールの成分を見てみましょう。

『モルツ』を例にとると、もっとも多いのが水で、90％強を占めます。残りの内訳は、アルコール約4重量％（通常の表示は容量表示ですので、約5％となっていますが、カロリーを計算するときに意味があるのは重さなので、約4重量%となります。通常、ビールのラベルや缶に表示されているアルコール量を1・25で割れば、ほぼ重量%になります）。糖と澱粉質が大半をしめるエキス分が約3・5%。炭酸ガスが約0・5%です。このうち炭酸ガスはカロリーがないので除外します。

では350㎖（ミリリットル）缶の『モルツ』のカロリーを計算してみましょう。アルコールは約14グラム、炭水化物は約12グラム。

アルコールは、1グラム当たり7㎉ですから、14×7＝98㎉となります。

炭水化物は、1グラムあたり4㎉ですから、12×4＝48㎉です。

したがって、『モルツ』レギュラー缶の総カロリーはざっと146㎉ほどになりますが、ほぼ⅔がアルコール由来のカロリーです。

日本の成人男子の平均摂取カロリーは、1日だいたい2300㎉といわれていますから、『モルツ』のレギュラー缶で1日に必要なカロリーの1/15程度をまかなうことができます。

ただ気をつけないといけないのは、ビールのカロリーの約⅔がアルコールで、アルコールは、車のガソリンのように人間の体内で効率よく燃焼しますが、効率が良すぎてエネルギー源として蓄えられません。アルコールが入ると身体がすぐポカポカしてくるのは、体内でアルコールが燃焼しているからです。

ビールだけ飲んでいると、実用的に役立つのはほぼ炭水化物のカロリーだけですから、総カロリーの約⅓しかありません。ウイスキーなどの蒸留酒になると、役立つカロリーはほとんどないと考えてよいでしょう。やっぱりウイスキーよりビールのほうが蓄えられるカロリーが多いので、ビールを飲むと太るのかと思われるかもしれませんが、太るのはまた別の理由があります。それについては第6章で詳しく述べることとして、ここではライトビールとカロリーの関係を続けます。

水っぽくなるライトビール

私がサントリーに入社してから、『ペンギンズバー』、『ライツ』、『ダイエット』を発売しました。名前は違いますが、いずれもライトビールの仲間です。大ざっぱにいうと、「ライトビールは普通のビールの炭酸水割り」といえます。

単純な話、炭酸水で2倍に薄めれば、カロリーも半分になります。それではあまりにも知恵がないので、できるだけ発酵する糖分が多くなる仕込み方法を使い、アルコールが多く出て、発酵しない炭水化物が少なくなるような工夫をします。その結果、アルコールは普通のビールの半分より多く、カロリーが約半分のライトビールができることになります。

いろいろ工夫はしますが、残念ながら通常のビールに比べると、味はどうしても水っぽくなります。ライトビールがなかなか成功しないのは、酒税法に規定されている制限内では、この水っぽさが克服できないところにあると思われます。

水っぽさが克服された発泡酒の『ダイエット』

一方、発泡酒の『ダイエット』は、現在一定の支持をいただいています。従来のライトビールに比べると、水っぽさが克服された味に仕上がっています。これは発泡酒ならではの工夫ができたからです。ベルギーのチェリービールなどは日本では発泡酒になりますが、ビールに比べ発泡酒は幅広い原料や添加物を使うことができます。こうした特典を利用して開発したのが『ダイエット』です。

私達（サントリー）が日本で最初に発泡酒を発売したときは、「粗悪品的なビール」とコメントをするライバルもいましたが、発泡酒にはそれなりの良さもあるわけで、ビールでは実現できないいろいろな味の商品を開発することができます。現在の日本の発泡酒は、低麦芽比率でビールの味を実現しようと工夫をしてきたのですが、ちょっと視点を変えれば、ベルギーにあるような多様な味のビールを造ることが可能になります。

酎ハイもずい分人気がありますが、これも従来の焼酎を工夫してさまざまな味を実現した結果です。

左の端に従来の焼酎、右の端に本格ビールがあると仮定すると、その間に酎ハイと発泡酒が出現し、『ダイエット』は発泡酒のなかでもやや酎ハイ寄りと考えることができます。

その後、麦芽をまったく使用しない「第3のビール」や、発泡酒に少しアルコールを加えたリキュールタイプの「ビール風味飲料」が出現してきましたが、その境界がだんだんわからなくなってきたように思われます。商品の境界だけでなく、開発者もビール、酎ハイ、飲料などの担当者間でさまざまな情報交換がなされるようになっています。

『ダイエット』の場合はアルコールのカロリーが約66㎉、糖質由来が約16㎉で、アルコール由来が80％を占めます。総カロリーも少ないですが、蓄積されるカロリーも普通のビールに比べ少なくなっています。『ダイエット』と名づけたゆえんです。

◆麦芽100%の『モルツ』とそうでないビールの違い

伝統の麦芽100%のビールを造り続けるドイツ人

1516年、ドイツ・バイエルン州の君主ウイルヘルム4世が、有名なビール純粋令を公布しました。

「ビールは、麦とホップと水のみを用いて造るべし」

現在でいえば、ビール酒税法の添加物規定に相当するでしょう。

原料として本来は酵母も入るべきですが、酵母の存在そのものが知られていませんでしたから、純粋令に掲載するのが無理というものです。

当時、ビールは主として教会を中心に造られていましたが、民間人にも製造許可を与える代わり、ホップの使用権代を教会に収めなければならなかったとか。そこで、ホップの代わりに安価な種々の薬草や、ときには麻薬の原料まで使ったビールが出まわり、バイエルン州のビールは相当な粗悪品でした。

なんとか自国のビールの品質を向上させようと、ウイルヘルム4世は前述のビール純粋令を発したのです。当時はバイエルン州の法律でしたが、その後ドイツ全体に普及し、今もドイツではこの法律に従ってビールを造っているというから驚きです。しかも彼らは自分達のビールに自信と誇りを持っています。

「米やトウモロコシなどを使ったビールは偽物のビールで、本物のビールは麦芽100％で造ったものだけ」

と思っているドイツ人は少なくありません。ミュンヘン工科大学のナルチス先生も、サントリーの発泡酒『スーパーホップス』に対しては、当初香味評価をしませんでした。

「これは私の評価の対象外だ」

おそらく、酎ハイと同じようなものだと思っていたのでしょう。しかし発泡酒の人気が高まるにつれ、真剣に飲んで評価してくださったのです。

「本当にこれは麦芽25％で造ったのか」

泡立ちの良さと、すっきりした味に感心された様子が印象的でした。それでも先生は、

「私は『モルツ』のほうが好きだ」

とおっしゃったのは、ドイツ人のプライドからかもしれません。

1986年に、一般大衆ビールとして麦芽100％の『モルツ』を発売しました。その当時、麦芽100％としてはサッポロの『エビスビール』がありましたが、値段が少し高く、プレミアムビールとして売られていたのです。米やコーンを使わないので、当然原料費も高くなります。同時に、副原料入りのビールに比べ、麦芽100％ビールは、澱粉質以外の麦由来の成分が増えます。ポリフェノール、蛋白質、アミノ酸、ビールの色のもとになる物質（メラノイジンと呼ばれています）、微量成分のビタミン類とカリウムなどの成分が増えることになります。

いずれも健康面からは良いとされている成分が増えるので、後で詳しく触れますが、麦芽100％ビールが身体に良いといわれるゆえんです。単純に考えれば、麦飯のほうが白米より栄養があるのと同じことです。

醸造プロセスを見直した『モルツ』

健康面、栄養面では優位に立つ『モルツ』ですが、副原料のビールの味に慣れたビール党の方に受け入れていただく味を実現するためには、いろいろな工夫が必要でした。

麦芽100%ビールの醸造にかけては、世界的にも権威者のナルチス先生のきめ細かいアドバイスもいただきながら、麦芽の品質選びから始めました。

赤ワインの研究で、身体に良いことが解明されてきたポリフェノールですが、多過ぎるとビールの味が渋くなります。蛋白質も身体に良いのですが、多いとポリフェノールと相まって、瓶に詰めた後、沈殿物のオリとなり、ビールの透明感を失う原因にもなります。ビールの色もあまり濃くなると味がしつこくなるので、麦芽の製造時に注意する必要があります。

それまでのサントリービールは、『純生』に代表されるように、基本的には副原料を使ったビールでしたから、モルツの開発にあたっては、新たな気持ちで醸造プロセスすべてを見直しました。

ドイツでは圧倒的に優勢な麦芽100%ビールも、世界のビール市場全体から見るとマイナーな存在でしたが、私が利根川ビール工場で工場長として勤務しているころ、こうしたビールの世界にも変化が出てきました。

米国で収量を高めるため、病気や害虫の被害を受けにくい「遺伝子組み替えトウモロコシ」の栽培が報道されて、世界各国のビール会社があわてました。トウモロコシはビールの副原料としてもっとも多く使われていますが、その安全性が問題となったのです。日本の各ビール会社も遺伝子組み替えをしていないトウモロコシを輸入するという対応を迫られました。

もっと徹底したのがヨーロッパの有名なカールスバーグ社で、従来の副原料入りビールを麦芽100％に変更すると宣言しました。副原料入りから麦芽100％に変えると当然味も変わってきます。新製品として新たに発売するならともかく、主力製品の味を変えるのは相当勇気のいるものです。

ドイツ人の頑固さといい、カールスバーグ社の対応といい、ヨーロッパ人の哲学は徹底しているなと感じたものです。

「商売よりも、それを消費していただいている方々の健康を優先する」

ある意味ではあたりまえのことなのですが、なかなか実行できないのが現実であり、原発問題などに対する対応も同じことだと感じています。ドイツでは、原子力発電所を全部廃止するとの声明が出されています。

カールスバーグ社のこの対応で、サントリーの利根川工場でライセンス製造している

『カールスバーグ』も、副原料入りから麦芽100%に切り替えることになったのですが、『モルツ』で築いてきた技術が役立ち、スムーズな対応ができたのです。

地位が向上した麦芽100%のビール

一方、カールスバーグ社の本国のビールは、麦芽100%に切り替えると泡持ちが悪くなり、本国から研究者を含め4人訪ねてきました。サントリー製造の『カールスバーグ』は泡が非常に良いので、その秘訣を教えて欲しい、とやってきたのです。

サントリービールを発売するに際して、40年前に教わったカールスバーグ社を中心としたデンマークの醸造技術に恩返しができる。これで彼等も、サントリーの技術を対等に評価してくれるだろう、と身の引き締まる思いでした。

『カールスバーグ』が麦芽100%になったことで、世界における麦芽100%ビールの地位は少々向上したのではと思われます。

現在、ドイツのビール以外で麦芽100%の有名なブランドは、チェコの『ピルスナーウルケル』、オランダの『ハイネケン』、デンマークの『カールスバーグ』、日本の『モルツ』や『ザ・プレミアム・モルツ』もその輪の中に入れればと思っています。

◆ビールの泡はビールの履歴書

ビールにとって泡は重要

国は違っても、ビール醸造技師は泡の良いビールを造るため、大変な関心と努力を払っています。しかし一般の消費者になると、ビールの泡への関心は国によって大きな差があります。

ヨーロッパのビール先進国であるドイツ、ベルギー、チェコなどでは、泡のないビールや泡がしょぼしょぼと消えていくようなビールは、誰もがビールとは思っていません。レストランで出てきたビールがカニ泡と呼ばれる大粒の泡だったり、ビールの表面に少ししか泡がなかったりしたときは、文句を言います。

「このビールは泡が悪い」

「すみません」

そう言って、すぐに新しいのと取り替えてくれます。

以前私が赴任していた当時の中国では、泡を立てずにグラスに目一杯注ぐのがサービスだと思っていたようです。私はレストランに行くと、小姐（ウェイトレス）が注いでくれる前にできるだけ自分で注ぐようにしていたのですが、言葉がうまく通じなくて、小姐になみなみとグラスの縁ぎりぎりまでビールを注がれて、がっかりすることがしばしばありました。

泡のないビールを出したウィーンのレストラン

以前、妻とヨーロッパを旅したときの出来事です。

オーストリアのウィーンでオペラを鑑賞した後、夜も遅く適当な店が開いていなかったため、ぽつんと営業していたイタリアレストランに入ったのです。樽生ビールがあったので、さっそくスパゲティとビールを注文しました。

私の席はウェイターがビールを注ぐ光景がよく見える場所でしたから、なにげなく様子を見ていました。そこそこ上手に注ぎ終わったので、さあビールが飲めると期待して待っていると、なにか別の用事が入ったのでしょう。私のビールをディスペンサーのそばに置いたままどこかに行ってしまいました。5分ほど経ってやっとビールを持ってきたのですが、無残にも泡はほとんどない状態になっていました。

「このビールは泡がないじゃないか」

文句をいうと、ウェイターは、

「問題ない（ノープロブラム）」を繰り返すだけ。

何回かやり取りをした後、私はとうとう自分の名刺を取り出し、最後の切り札を使いました。

「私はこういう者だ。ビールについてはあなたよりはるかに詳しい。あなたは問題ないというが、このビールは問題だ」

ウェイターはしぶしぶビールを持って帰り、店長風の男性と相談を始めました。

やがて、箸のようなものを取り出し、こともあろうにグラスの中をかき混ぜ始めたのです。当然、泡が立つので、それを持って再び私のもとへ。

「混ぜて泡を立てたのではダメだ。すぐ消えるだろう」

文句を言っている間に、たちまち泡はしょぼしょぼとなってしまいました。

再度持ち帰って店長と相談。今度は新しいのを持ってくるかと思いきや、次はグラスからグラスへ移し変えて泡を立てて、三度《みたび》私のもとへ。さすがに私もあきれ返って文句をいう気力がなくなりかけたのですが、ビールがますますまずくなっているので、三度目の気力をふりしぼり、さらに強い口調で文句をつけました。

さすがに彼らも次の対応策がなくなったのでしょう。今度はしぶしぶ新たに注ぎ直したビールを持ってきてくれました。この間15分余り、やっとの思いでおいしい（？）ビールにありつけたのでした。

余談になりますが、しばらく様子をうかがっていると、このレストランでは客の飲み残したワインを容器に回収し、次の客に使っていました。おそらく、よほど悪質なレストランだったのでしょう。

泡の良いビールはおいしいビール

ビールの泡に対する関心度の高さは、どうやらビール文化の歴史と深さに関係あるようです。歴史の長さだけでなく、ビールという食文化に強い関心を持ち続けて来た国では、ビールの泡への関心はきわめて高いといえます。おそらく一般の方も、経験的にビールの泡の重要性を醸造技師と同じくらい知っているのでしょう。

ビール醸造に携わる技術陣は、古くからビールの泡について高い関心を払っています。私どもが大先生と仰ぐ、ミュンヘン工科大学のナルチス教授も、ビールの泡については味と同じくらいうるさく評価されます。味がそこそこ良くても、泡がないときついお叱りをうけました。

「このビールはダメだ」

こんなことを知ってか知らずか、営業マンもビールの売れ行きが悪いと、すぐ、造り手に責任を押しつけるような時期もありました。

「当社のビールは泡が悪いから売れない」

こう言われては技術陣の名がすたります。

「ビールの泡については、誰にも文句のつけられないビールを造ろう」

その固い決意のもと、1990年頃からビールの泡について徹底した研究を始めました。それまでも何回か泡の研究には着手したのですが、明確な知見が得られずうやむやのうちに終わっていたので、今度は入社3年目の若い研究者を選び、スタートしたのです。

「泡の研究だけやってくれたらよい。1年間は成果がなくても文句を言わない」

ところが、思いのほか早く成果が上がり、研究に着手してから半年後くらいから、次々に新しい知見が出てきました。泡についての科学的知見が明らかになるほど、ビールの泡は単なる泡でなく、ビールの味とも密接に関係していることがわかってきたのです。

単純にいうと、

「泡の良いビールは味も良い、つまりおいしいビールである」

ということです。逆にいうと、

「泡の悪いビールは、まずいビール」

ということになります。

泡に関する三つの重要な要素

ちょっと専門的になりますが、私達の行なった研究で、ビールの泡に関係する三つの重要な要素が明らかになりました。三つの要素とは①〈泡蛋白〉、②〈塩基性アミノ酸〉、③〈蛋白分解酵素〉です。

①〈泡蛋白〉は麦芽由来です。もとをただせば大麦由来となります。

良い泡のビールを造ろうとすると、まず泡蛋白を豊富に含んだ大麦を選ばねばなりません。ところがこれまでは、大麦中の泡蛋白の量を測定する方法がなかったのです。

私達は免疫法という特殊な方法で大麦中の泡蛋白を測定する手法を開発しました。この方法で大麦や麦芽の泡蛋白を測定し、同時にビールを造ってみると、泡蛋白の多い麦芽で造ったビールは泡が良いだけでなく、味も優れていることがわかりました。

②〈塩基性アミノ酸〉が多いほど、泡が悪くなることもわかりました。

ビールに残る塩基性アミノ酸の量は、発酵と密接に関係します。発酵中これらのアミノ酸は酵母に取り込まれますが、酵母の生育が不十分だとビールに多く残ってきます。そうなると味もまずく、泡も良くないビールになってしまいます。

③〈蛋白分解酵素〉は、酵母の取り扱いと密接に関係しています。

発酵が終わった後、不必要に酵母を残しておくと、酵母からこの酵素がビール中に出てきます。この酵素が多く出るほど泡に重要な泡蛋白が分解され、泡が悪くなります。またこの酵素は、生ビールだと容器に詰めた後も働き続けるため、ビールが古くなるほど泡はより悪くなります。

上面発酵酵母と下面発酵酵母を比較しましたが、上面発酵酵母のほうがより多くの蛋白分解酵素を出すこともわかりました。純白のきめ細かい泡は下面発酵酵母で造られたピルスナービールの代名詞のようにいわれていますが、酵母にも秘密が隠されているのかもしれません。

こうした成果を、ミュンヘンを訪れたときに、ナルチス教授に報告したところ、大変喜んでくださいました。とくに、先生が経験的に主張されていた泡を良くする方策について科学的に証明したデータをお見せしたときには、食い入るように眺めながら大きくうなずいてくださったのは印象的でした。やっと一つ恩返しができた気になりました。

泡はビールの履歴書そのもの

手前みそになりますが、ビールの泡に関するこの研究を米国の醸造学会で発表したところ、1996年にその学会の会長賞受賞という栄誉に輝きました。入社3年目にして泡の研究に従事させられた研究員を含め、その後の研究を推し進めてくれた10名近くの仲間と、自分達で改良した良好な泡の『モルツ』を飲みながら喜びを分かち合ったのでした。

こうしてみると、ビールの泡はまさにそのビールの履歴書そのものです。ドイツ、ベルギー、チェコの人々が泡にこだわる理由がやっと納得できました。彼らはビールを飲むとき、泡の後ろにそのビールの履歴を思い浮かべながら味わっているように思われます。

日本のビールの歴史は100年そこそこですので、まだまだヨーロッパのビール先進国の域には達していませんが、最近のメーカー側からの泡に対する広告などで、徐々にビールの泡に対する関心が高まってきているように思えます。

「泡が立たない」といって、お客様相談室に問い合わせの電話をくださる方もいらっしゃいます。泡の立たない原因はともかく、一般の方がそのようにビールの泡に関心を持っていただくことは大変ありがたいことです。

せっかく丹精こめて泡の良いビールを造っても、中国のように泡を立てずに注がれたり、私が経験したウィーンのイタリアレストランのように箸で混ぜられたりしたのでは、造っているほうもがっかりします。

世の中にはいろいろな泡があります。しかしビールの泡は本当に特別なものなのです。原料から始まって、造り手の努力が反映された「ビールの履歴書」です。

生ビールをお飲みになるとき、ちょっと思い出してください。

第3章　ビールはこうして造られる

◆ビール製造の基本原理は今も昔も同じ

現在のビールの製法

紀元前3500年ごろ、メソポタミアでシュメール人が麦から酒を造って以来、麦を原料として造られる醸造酒（ビール）の味はずい分変わりました。また醸造設備も、シュメール人の時代と現在とでは大きく違っています。しかし驚くべきことに、当時と現在の醸造の基本はそれほど変わっていないのです。そこにビールの起源はシュメール人に遡るといわれる理由があります。

まず現在のビールの造り方を見てみましょう。

（1）麦芽の製造

麦を水に浸し、麦の中の水分を40％くらいに高め、15℃付近に保たれた発芽床で5日間ほど置くと、もやもやとした根と麦の殻に隠れた芽が出てきます。いわゆる麦のもやしです。そのまま放っておくと、麦はどんどん成長してしまうので、熱風で乾燥させます。こうしてビールの原料である麦芽ができ上がります。

（2）麦汁の製造（仕込み）

麦芽にはいろいろな成分が含まれていますが、もっとも多いのは澱粉質です。全体のほぼ80％になります。次は繊維質で、全体の約10％。これは主に麦芽の殻に由来します。残りの10％のうち水分が約4％、それ以外は蛋白質、脂肪、タンニン類、ビタミン等々です。これらの成分のうち、ビールに不要な繊維質や脂肪を除き、ビール造りに必要な物質をお湯に溶解させるのが、仕込みの主な目的です。

澱粉のままでは水に溶けないので、澱粉を分解して糖にしなければなりません。この役割をするのが麦芽に含まれる糖化酵素（アミラーゼ）です。私達の唾にも同じような酵素が含まれています。同様に蛋白質を分解してアミノ酸にするためには、蛋白分解酵素（プロテアーゼ）が必要ですが、これも麦芽に存在しています。人の場合は、胃の中などに同様の酵素があります。

蛋白質を分解させる酵素は50℃付近が適していますが、澱粉を分解させる酵素は65℃付近が最適です。それぞれの目的に合った温度で適当な時間を保ちながら、ビールに必要な成分をお湯の中に溶解させます。

次に麦芽の殻やその他の不要な物質を除くのですが、便利なことに、麦芽の殻が濾過層を形成してくれます。殻が除かれると同時に、不要な固形物も除くことができます。ビールよりやや色の濃い汁ができますが、この汁を煮沸させホップを投入すると、ホップから苦味の成分（イソフムロン）が抽出されてきます。

煮上がった液を麦汁と呼ぶのですが、一般的なビールを造る場合は、11％前後の糖分が含まれています。お湯をたして糖濃度を少なくすれば、ライトビールになります。この麦汁に酵母を入れて発酵させるとビールになるわけですが、熱いままでは酵母が死ぬので、10℃前後に冷やしてから酵母を添加し発酵タンクに移します。

（3）発酵・貯酒

発酵タンクに入ったあとは、酵母に頑張ってもらうだけです。私達ができるのは、発酵液を適切な温度に保つことだけです。酵母は糖を食べて自分が生きるエネルギーを得ると同時に、主にエタノールと炭酸ガスを体外に出します。糖が分解されるとき、熱が出るので、発酵タンクの周りにはジャケットが巻いてあり、そこを冷たい液が流れるようになっています。糖は約1週間でなくなります。これでビールができ上がりですが、味をより洗練されたものにするため、0℃付近で2、3週間貯蔵します。

（4）濾過

貯蔵が終わったビールには、酵母や貯酒中に出てくるオリなどが含まれています。そのまま容器に詰めると、酵母が死んだりして味が変化しやすくなるのと、濁ったままでは見栄えがよくないのでこれらを除かねばなりません。この工程を濾過と呼んでいます。ビールの濾過には主に珪藻土を使います。珪藻土は、大昔に珪藻が堆積してできた土ですが、妙なものが役立つものです。

なお炭酸ガスの調整もこの濾過工程で行ないます。オンラインでモニターしながら、たりない量を添加していきます。

（5）包装

保存と持ち運びに便利な容器に詰めるのが包装工程の目的です。現在は瓶と缶と樽が主な容器として使われています。ちなみに缶の厚みは約0・1ミリですから、紙の厚みと大差がありません。ちょっと乱暴に扱うと穴があいてしまいます。包装工程でできるだけ空気がビールに入らないようにするのが、日持ちをさせるのに重要です。

昔から変わらないビール造りの基本原理

以上が現在のビール造りの概略です。このなかで、シュメール人がやっていなかったのは（4）の濾過と（5）の包装です。ビールを自分達だけで飲むために造っていた時代は濾過は必要でなかったし、もちろん瓶や缶のような容器に詰める必要はありませんでした。ビールが商品として扱われるようになった結果、市場で日持ちを長くするため、できるだけ不要なものを取り除き、同時に持ち運びに便利なように適当な大きさの容器に詰められるようになったのです。

では、シュメール人はどのように麦芽、麦汁を作り、発酵をさせていたのでしょう。

「シュメール人のビールの造り方は、大麦を水に浸けてまずモヤシを作り、それを乾燥させて粗挽きにして、この粉砕した麦モヤシと他の穀物（小麦など）とを混合し、整形してパンに焼きます。ビール用のパンを焼くときは、香ばしい味わいを求めて表面には焦げ目をつけますが、内部は生のままにする（糖化酵素の活性を保つため）知恵も働いていたことでしょう。そしてこのパンをちぎってカメに入れ、水を加えてよく混ぜて放置すると、自然発酵してビールになるのです」（村上満著『ビール世界史紀行』より引用）

どうやらシュメール人は本格的に麦芽を作っていたようです。麦のもやしを砕き、表面に焦げ目をつけた生パンをちぎってカメに入れ、水を加える工程が現在の仕込みに相当します。

酵母の存在は知らなかったので、発酵は空気中から自然に落下する酵母に期待するしかなかったのですが、「酵母にお任せ」という基本は変わりません。もちろん、乳酸菌などの他の菌も落下したでしょうから、甘酸っぱいビールになっていたと思われます。

このように、現代とはその設備や造り方も大きく異なっていますが、「麦の酵素を使い、酵母によって発酵させる」という基本原理は、シュメール人の時代からなんら変わっていません。おそるべきはシュメール人の知恵です。

◆黒ビールの色はなぜ黒いのか

黒ビールの色は麦芽に秘密があった

「黒ビールの色は本当は黒ではないのです。ビールの色のもとになっている成分が多いので、黒く見えているだけなのです」

工場見学に来られた方にそう言うと、たいていの方は不思議がります。

黒ビールを少量グラスに注ぎ、水を加えていくと、まず褐色がかった色になってきます。

「これはだいたいドイツのジュッセルドルフで有名なアルトビールの色くらいですね」

さらに水を加えると、ほぼ普通のビールの色になってしまいます。

「これは普通のビールの味がするのですか」

「飲んでみてください。味はきっと水に近いでしょう。色はビール色でも着色水のようになっています。アルコールも1%以下です」

飲んでみてどうやら納得されたようです。

薄いと黄色、濃いと黒色。どのようにしてあの黒ビールの色を出すのでしょう。じつは使う麦芽に秘密が隠されています。

通常のビールを造るときに使う麦芽は、麦芽の製造工程の最後に80℃程度で乾燥したものを使います。黒ビールを造るときには、こうした麦芽と一緒に、焦げるくらいの高温で乾燥した麦芽を5～10％ほど使って造ります。

ビールの色と味の関係

ところでビールの色の正体はいったいなんなのでしょう。ひとことでわかりやすくいえば「キャラメル」です。ミルクキャラメルを思い出して、「まさか」とおっしゃる方もいらっしゃるでしょう。でも本当なのです。専門的にいえば、メラノイジン。アミノ酸と糖を水に溶解して熱を加えるとできる物質です。大麦を発芽させると、自分の持っている酵素で澱粉や蛋白の一部が分解され、アミノ酸やブドウ糖、麦芽糖ができます。麦芽を乾燥させる前は40％ほどの水分が含まれているので、温度を上げていくとアミノ酸と糖が反応し、メラノイジン、いわゆるキャラメルができるのです。

黒ビール用の黒麦芽を作るときは、このキャラメルが焦げるまで温度を上げていきます。焦げるとやや色調は違ってきますが、ベースはキャラメルなので、黒ビールを薄めていくと普通のビールの色に近づいていくのです。

じつは醤油の黒い色も同じような物質です。疑問のある方は、グラスに醤油を少したらして水で薄めてみてください。だんだん普通のビールの色に近づいてくるはずです。キャラメルは甘味があります。ビールの色が濃くなるほど甘味の強いビールとなってきます。味は芳醇もしくは濃厚になってくるわけですが、一方で爽快さがなくなります。

視覚からくるイメージもあって、爽快さを求めて黒ビールを飲まれる方はほとんどいないと思います。黒ビールは、香ばしい香りと味の芳醇さを味わいながらゆっくり飲んでみたいビールです。『ギネススタウト』は世界でも有数の芳醇な黒ビールです。

色とは直接関係ありませんが、黒ビールにまつわる話として、歴史的に黒ビール造りにはミュンヘンなどの硬水が適しているといわれています。当時はその理由を知らずに造っていたと思いますが、その秘密は水のpH（ペーハー）にありました。岩塩の多いドイツではナトリウム塩などの多い硬水でpHが高いのです。一方、麦芽を焦がして黒麦芽を作る過程で、酸性物質が多くできてきます。pHの低い軟水を使うと糖化中のpHが下がりすぎ、酵素がうまく働きません。現在はこうした知識をもとに水質調整がいとも簡単にできますが、当時はそのまま使っていたので、その地域の水の特性が直接ビールのでき具合を左右したのです。逆に淡色ビールの醸造には、pHの低い軟水が適していることになります。

◆味を左右する職人の勘

醸造技術者の味覚

私はよく若い醸造技術者に言います。

「ビール造りは料理と似ている。ビール醸造の教科書は料理の本。醸造家は優秀な料理人でなければならない。そのためには、自分でビールを飲んで、お客様がおいしいと思うビールの味がわからなければならない」

ビール醸造の本が教えてくれるのは、料理にたとえれば醤油、塩、砂糖、香辛料等のタイプと使い方、包丁の使い方等々であり、「このように造ればお客様に気に入ってもらえるビールができます」とは教えてくれません。あとは自分の味覚を信じ、造り方を工夫していくしかありません。

なかでも、もっとも大事なのは自分の味覚を磨くことです。あるビールを飲んだとき、そのビールが多くのお客さんに好まれる味であるかどうか判断できなければなりません。

新製品が発売されると、「何千人の人を対象に嗜好調査をして味を決めました」とよくいわれます。たしかに、新製品のときは狙いとするターゲットがあって、それと比べて試作品の味が上回っているかどうかを不特定多数の人に聞けば、ある種の答えが出ます。

研究所で商品開発を担当していた当時は、私も一般の方を対象に嗜好調査を行なった経験は何度もあります。しかし、すべての味をこうした調査をもとに決めるわけではありません。

まず調査可能な試作品の数は限られていますが、調査にいたるまでの試作品の数は相当なものです。多くの試作品から調査すべき試作品を選ばねばなりませんが、これは醸造家の仕事です。この段階で間違った選択をすると、せっかくの優れた候補がふるい落とされてしまいます。

また試作品が常にライバル商品の味を上回るとも限りません。少なくとも、ライバル商品の味を上回る試作品を造らねば話になりません。そのとき、造り手の味覚の良し悪しが試作品の良し悪しにつながってきます。

新製品はともかくとして、日々工場で造っているビールの品質管理は、毎日いろいろな検査を分析機器を使って行なっています。しかし幸か不幸か、これだけ科学技術が進歩した現在でも味の検査器はありません。もっとも大事な味の検査は、最終的には醸造技術者の味覚検査に頼っています。彼の味覚が一般の消費者の味覚とずれていると、的外れなビールを造り続けることになってしまいます。

醸造技術者は自分の味覚をどのように鍛えるのでしょうか。いろいろな訓練方法がありますが、私の場合は、一般の方を対象に嗜好調査を行なうとき、同じ条件で自分も評価をしました。

評価が終わった後で、一般の方がやった評価と自分の評価を比べます。これを何度も繰り返していくと、どんな味がより多くの方に好まれるかがわかってきます。

当然、そのビールを造ったときの条件はわかっていますから、いろいろな情報が頭の記憶のなかにインプットされます。

「こんなふうに造ればよりよいビールができる。この工程のこの条件が大事だ。ここをいじるとこんな味になる……」

このレベルに達すれば、一流の醸造技師、ドイツではブラウマイスターとなれるでしょう。

自分の口で確かめたナルチス先生

私がサントリーに入社した1974年の夏に、ミュンヘン工科大学の醸造学部の大先生、ナルチス教授が日本に来られました。そのときのビール研究所長はナルチス教授のもとで博士号を取られた方で、教授との親交が深く、お陰で新入社員の私も先生とお話する機会に恵まれました。

研究所を見学された後ビール工場を訪れ、原料から始まり、発酵中、貯酒中、製品のビールはもちろん、使っている酵母そのものも自分の味覚で一つひとつたしかめながら工場を見て廻りました。原料の麦芽は手にとって見るだけでなく、口に入れ噛んでたしかめているのです。先生にたずねると、噛むときの歯ごたえと口に残る渋味、それに鼻に抜ける香りで、ほぼその麦芽の良し悪しがわかるとのことでした。麦芽の分析値は先生にとっては補助的な指標で、私達に自分の評価を説明するための道具のような気がしました。その麦芽の分析値を私達に見せるのです。

「この数値が高すぎるので、次に注文するときには数値を2ポイント下げた麦芽を作ってもらいなさい」

酵母の評価も同じでした。ドロッとした酵母の塊を自分の指にとって口に入れてたしかめる。酵母に付着しているホップの苦味成分や、酵母の中に混ざっているオリの量などがわかるらしいのです。

最後にビールの味です。

「このビールのこの香味は、酵母の取り扱いに問題がある」

「この味は、現在いくつか使っているAという麦芽に問題がある」

その姿を見て、感心というより畏敬を感じたものでした。

「たいしたものだ。ビールを飲んだだけでどこに問題があるかわかってしまうのだから。この先生は何者だろう」


それから30年余り、ほとんどビール一筋の研究、商品開発、工場での生産活動をやってきましたが、最近になってようやく私もナルチス教授がなさっていた行動とビールの評価のやり方がわかってきたような気がしています。

通常工場でビールを生産するとき、アルコール、ホップの苦味成分、ビールの色、炭酸ガス等々のスペック（基準値）があるわけですが、こうしたスペックはある意味ではそのビールの骨格を決めているにすぎません。

ある会社が求人をするとき、当然いくつかの条件を出します。しかし実際に雇うときは、面接を行ない、その人の性格、能力などを評価して決定します。

ビールにあてはめると、いろいろなスペックは求人広告に出す条件、味覚評価は面接試験のようなものです。試験官の能力が低いと、良い人間を雇うのが難しいでしょう。醸造技術者の味覚評価力が低いと、良いビールが造れません。ここに醸造技術者の面白みと難しさがあります。

ビールの味が科学的な分析ですべて決まってしまうのであれば、すぐれた醸造技術者でなく、高性能のコンピュータとすぐれた分析機器を備えたメーカーが勝つはずですが、そうならないところが、ビールに限らずすべての酒造りの面白さでしょうか。

◆仕込みで決まるビールの味

仕込みってなに？

おいしいビールを造るのにはなにが大事なのでしょうか。

私の個人的な経験では、原料が6割、仕込み3割、発酵1割だと思います。ビールの主原料は麦芽、つまり麦ですが、麦の良し悪しでビールの味の半分以上が決まると考えても良いかと思います。それくらい良い麦を選ぶことが重要なのですが、残念ながら麦は農作物ですから、その年の天候などによって品質がずいぶん影響を受けます。

仕込みと発酵は技術者の腕前で決まるので、醸造家としてはついつい「仕込みでほぼビールの味が決まる」と言ってみたくなるものです。

ただ、仕込みといっても一般の方々にはなじみがうすく、言葉は耳にするけどいったいなにをしているのだろう、というのが正直なところだと思います。

じつは、私もサントリーに入社してビールの造り方の講義を受け、パイロットプラントを動かして初めてビールの造り方がわかったのですから、あまり偉そうなことはいえません。今でも当時の講義中のことを覚えていますが、

「ビールの濾過には珪藻土を使います」と聞いたとき、思ったものです。

「土で濾過するなんて、ビールはなんと妙なもので濾過するんだろう」

日本酒でも仕込みという言葉を使いますし、レストランあるいは普通の家庭でも料理を作る前に、よく「仕込み」という表現が出てきます。いうなれば、次のなにかを作るための準備のことを指す表現のようです。

意外と複雑な仕込みの仕組み

ビール造りで仕込みというと、ビールの発酵を行なうための準備の過程を指します。麦汁がビールの発酵の元になるので、結局、麦汁を作ることを仕込みと呼んでいるのです。発酵に比べると、麦汁を作る工程は、麦芽という固体を麦汁という液体に変える工程ですから、思いのほか複雑です。

ビール工場を訪れると、まず目に入るのが細長の高いタンクです。麦芽などの原料を保

同じようなタンクの並ぶ仕込み装置

存している原料倉庫（サイロと呼びます）です。たいていその近くに仕込み装置が置かれている建物があるはずです。さっそくその中に入ってみましょう。

　仕込みの部屋に入ってまず目につくのは、大きな円形をしたステンレスのタンク（釜）です。普通は、5基もしくはその倍の10基のよく似た形状の釜が無機質に並べられています。よく見ると、少しずつ大きさが違うし、釜から天井に出ている煙突のような筒の太さも違います。5基の釜は、仕込み槽、仕込み釜、濾過槽、煮沸釜、沈澱槽と呼ばれています。

　麦芽は仕込み槽と仕込み釜に入る前に、まず細かく粉砕されなければなりませんが、粉砕されるまでにもいくつかの重要な工程があります。

　ビール工場の入口にある高い大きな原料保存タンクから、配管を通って麦芽に混入しているごみ、石、金属片などを取り除く装置を通過し、計量機を経て粉砕する前の待ちタンクに蓄えられます。粉砕機の種類によってお湯に浸す場合と、そうでない場合がありますが、最近はお湯に浸さない粉砕機のほうが多くなっています。無事いくつかのチェックポイントを通過し、粉砕された麦芽は仕込み槽と釜に分けて投入されます。

ここまできて、やっとビールの原料としての役目を果たすことができるのです。米やトウモロコシなどの副原料は、麦芽とともに仕込み釜に入れられます。

温度で変わるビールの味

仕込み槽に入った麦芽は50℃くらいのお湯につかり、攪拌機で均一になるように混ぜられます。その後、2〜3段階くらいの温度を経て最終77℃前後まで上げられます。それぞれの温度で何十分か保持されますが、この保持する温度と時間でできあがるビールの味が変わってきます。

ドライビールやダイエットビールのように、ビール中の炭水化物の量を少なくしたい場合は、65℃前後での時間を長く保ちます。麦芽に含まれているアミラーゼという糖化酵素はこの温度でよく働いてくれます。我々の唾にも同じようなアミラーゼが含まれています。よく噛んでいると甘くなってくるのは、このアミラーゼによってご飯の澱粉が糖に分解されるからです。同じようなことが仕込み槽の中で起きているのです。

麦芽のアミラーゼで分解されると、主に麦芽糖（マルトース）と呼ばれる糖ができてきます。砂糖に比べると爽やかな甘味をしているので、ホップを入れる前にこの汁を飲むと結構おいしいものです。麦芽糖は酵母によりアルコールと炭酸ガスに分解されるので、できるだけ多くの麦芽糖を作っておくほどビール中のアルコールは多くなり、逆に炭水化物の量が少なくなるのです。

味を決めるそのほかの工程

仕込み槽で麦芽糖を主体とした必要な成分をしっかりお湯の中に溶けさせたあと、今度は濾過槽に移され、液と麦芽の殻などの固形物を分けます。このとき麦芽の殻は濾過層となり、この槽を通ることにより細かな固形物と液体をきれいに分離することができます。ここで固形物をうまく分離しないとビールがまずくなります。味を決める第2のポイントです。

上手に分離された液は黄金色で、「麦汁」と呼ばれます。一見ビールと区別がつきませんが、飲むと甘く、炭酸ガスもないので泡も立ちません。

次に待っているのは煮沸釜。名前の通り、麦汁を沸騰させる釜です。ここで初めてホップを入れます。ホップに含まれる苦味成分が麦汁の中に溶け出てきます。煮沸する目的は他にもあります。麦の穀物臭やホップ由来の不必要な香り成分を除いたり、麦汁を殺菌する役割など、煮沸の時間や強さもビールの味に大きく関係しています。第3のポイントです。

最後のポイントは沈澱槽です。煮沸を終えて、やや苦味が加わった麦汁にはホップのカスや煮沸でできた蛋白質のオリなどが含まれています。このオリを取り除く設備が沈澱槽です。といっても特別な装置はありません。熱い麦汁を入れてしばらく静かに置いておくだけです。オリは槽の底に沈むので、上澄み液だけを発酵タンクに送ります。何もない設備だけに、このオリの分離が意外と難しく、下手をするとオリが発酵タンクに入ってしまうことがあります。

このオリが入ると、ビールの味は雑味のあるまずい味になります。

このようになんのへんてつもない5基の釜ですが、その中ではいろいろな現象が起こっていて、その一つひとつがビールの味と深く関係しています。

現在ではコンピュータによって制御されている設備が増え、工程そのものはほとんど間違いなく進みますが、そのプログラムを決め、ビールの味を決めるのは、醸造技師の大事な仕事です。ちなみに黒ビールを造りたいときは、黒く焦がした麦芽を全体の5％ほど使います。

ビール醸造工程でもっともダイナミックな動きをするのが、仕込み工程です。料理も仕込みを失敗すると、あとでどんなに頑張ってもおいしくなりません。ビールもよい麦汁を仕込まなければ、どんな優秀な酵母を手に入れてもおいしいビールはできません。「ビールの味は仕込みで決まる」といいたくなる理由です。

いい麦汁ができれば、あとは酵母にふだん通りの仕事をしてもらうだけです。きっとおいしいビールができるはずです。

◆ビール酵母ってなに？

酵母の特徴

卵のような姿をして、人間のおへそのような出っ張りもあり、手に持ってそっと撫でてみたくなるようなかわいい微生物。それが電子顕微鏡に映ったビール酵母の姿です。手にとってみたいのですが、残念ながらあまりにも小さすぎて肉眼では見られません。身長約10ミクロン（0・01ミリ）、胴周り約7ミクロン（0・007ミリ）の小さな生き物ですが、24時間休みなく働いてくれ、古代より人類に大変な貢献をしてくれています。

人類が地球に出現するはるか昔から酵母は存在していました。地球には酵母のような小さな生物（微生物）は、数が特定できないほどたくさんいますが、そのなかでも酵母は人類にもっとも近い特徴を持っています。とくに私達の身体の皮膚細胞とは大変似た挙動をします。

研究所に勤務していたころ、酵母を相手に浸透圧の影響を調べたことがあります。発酵液の糖の濃度を高めると浸透圧が高くなるのですが、薄い糖液から濃い糖液に酵母を移すと、瞬間的に体積が小さくなりました。身体の中の水分を外に出し、中の浸透圧を外と同じになるよう調整しているのです。このような状態になると、細胞膜が丈夫になり、熱に対しても強くなります。

この反応を観察していて、子供のころ火傷をしたら、「蜜のようなものを塗りなさい」と言われたことを思い出しました。私達が火傷をしたとき、そこに蜜をつけたりするのは、浸透圧の高い蜜をつけることで皮膚を強くし、水ぶくれを防ぐ意味があったのです。

全人類に貢献している酵母

私達の身体は電気を通し、へたをすると感電しますが、生きている酵母も同じように電気を通します。水の中に酵母を入れると、酵母がないときよりもはるかに、電気をよく通します。今はこの原理を利用して酵母の数を計る装置が開発されているほどです。

あるとき、液に電気を通しながら酵母を観察していました。観察しているうちに、酵母は出芽（子供を産む現象）を始めました。そうすると驚くことに、出芽したすべての酵母が同じ方向を向いて並んだのです。子供がないと、卵の形なのでどちらの方向かわかりませんが、子供が生まれかかると小さな丸い「いぼ」のようなものが出てくるので、「いぼ」のある方とない方で区別できます。

ついいたずら心が出て、電極を左右反対にするとどうなるかと思って、電極を取り替えてみました。するとどうでしょう、整然と並んだまま、くるりと180度方向を変えました。私達の細胞や軟骨も電気や磁気をかけることにより成長が早まったり、通常と違う動きをするそうで、一部医療にも応用されていますが、酵母も似たような反応をするのだと、つくづく感心しました。

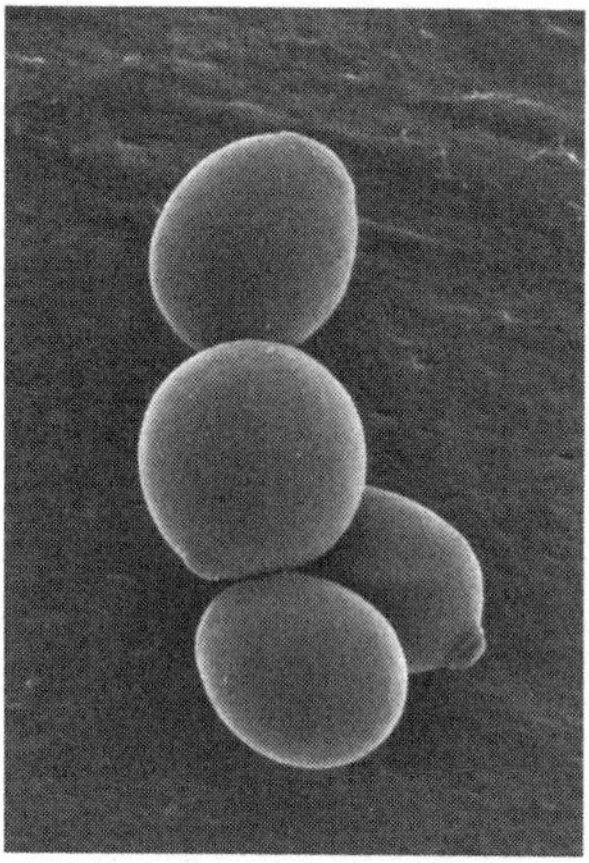
ビール酵母菌（電子顕微鏡写真）

微生物のなかには、O157やぶどう状球菌などのように、私達にとってきわめて危険なものもたくさんありますが、納豆菌、乳酸菌などのように大変役に立つ菌も多くいます。そのなかでも、酵母ほど全人類に貢献してくれている微生物はいないでしょう。

「もし酵母が地球上に存在しなければ酒は生

まれなかっただろうし、酒のない人類の歴史は……」

歴史に「もし」は禁句ですが、考えただけでもつまらない歴史のような気がしてきます。

こんなに大切な生き物ですが、身体がきわめて小さいので、酵母の姿を初めて見たのは、17世紀にレーベンフックが顕微鏡を発明してからのことです。酵母の姿は見たことはなかったのですが、ビールは何千年もの間造り続けられてきたのです。「酒造りは勘と経験」といわれてきたゆえんでしょうか。

アルコールを作りだす酵母

酵母はアルコールを作る生物だと思われていますが、じつは我々が無理にそうさせているところもあります。酵母に酸素（空気）を十分与えると、主食の糖を大半炭酸ガスと水に変えてしまいます。これでは酒にならないので、酸素を与えない環境を作ってやります。酸素がないと、酵母は食べた糖から炭酸ガスとアルコールを作ります。この現象を発酵と呼んでいます。酸素と糖と他の栄養源があれば酵母はどんどん成長し、倍々ゲームで増えていきますが、酸素がないと成長せず、単に生命を維持するために糖を少しずつ食べ、ひたすらアルコールを作り続けるのです。人間にたとえれば、基礎代謝分のエネルギーだけで生活している状態です。酵母からすると、酸素を十分与えてもらって子孫をどんどん増やすほうがありがたいわけで、酸素のない発酵は酵母にとって苦行であり、アルコールは苦行の汗といってもいいでしょう。

私が長年ビール酵母とつき合ってきた体験では、おいしい酒を造るコツは、「酵母を生かさず殺さず、そのぎりぎりのところで上手に使いこなすこと」にあるような気がしています。酸素を余分に与え過ぎると決していいビールはできません。ビール以外の酒も同じことです。

酸素と同じような役割をする物質に、不飽和脂肪酸という化合物があります。イワシなどに含まれ、身体に良いことで有名になった高度不飽和脂肪酸などと同系統の物質です。細胞膜の構成成分として非常に大事な物質です。米のぬかの部分にはこの物質が多く含まれています。香りの良いすっきりした吟醸酒を造るときは、米を磨きこうした物質を取り除きます。酸素を与え過ぎないようにするのと同じことです。麦にも同じ物質が含まれていますが、酵母と接する前の仕込みの段階でほとんど除かれます。

働き者のビール酵母

３５０㎖（ミリリットル）のビールを造るのに、いったいどのくらいの酵母が苦行してくれるのでしょうか。私もこの文を書きながら改めて計算機をたたいてみて驚きました。じつに150〜200億個の酵母が、昼夜をいとわず1週間近く働いてやっと1個のレギュラー缶分のビールができるのです。ウィスキーは、発酵が終わると酵母とともに蒸留するので、1回きりで終わりです。ビールの醸造は、やっとの思いで1週間働いた酵母を回収して、また次のビール醸造に使います。本当にビール酵母は働き者です。

ビール工場に見学に来られた方々が、よく不思議がってたずねます。

「工場は大きいのに人が少ないですね」

「あの大きな発酵タンクの中では、昼も夜も寝ないで何千兆もの酵母さんが働いてくれていますからね」

と答えます。なんとなく納得されます。

何年か前に、酵母の遺伝子が全部解明されたようですが、遺伝子が解明されても良い酒が造れるわけではありません。醸造家が精魂こめて、酵母に酒を造るための働きやすい環境を準備してあげることが大事です。ビール造りの設備は近代化されましたが、おいしいビールを造るためには、まだまだ醸造家の勘と経験が重要です。

現在、私達の飲むビールに酵母は入っていませんが、「200億個の酵母さんに乾杯！」

◆上面発酵か下面発酵かで違うビールの味

上面発酵と下面発酵の特徴

以前は、上面発酵酵母はサッカロマイセス・セルビシアエ、下面発酵酵母はサッカロマイセス・ウバラムとして分類学上区別されていました。ところがDNAの解析手法が進み、DNAの塩基性配列がわかってくるにしたがって、両者に共通点が多いということから、サッカロマイセス・セルビシアエに統一されてしまいました。DNAの特性は近いかもしれませんが、でき上がったビールの味はかなり違うのですから、醸造家にとっては勝手に統合されると困るのです。

空気中や自然界に広く存在している酵母は、基本的にサッカロマイセス・セルビシアエで、ウバラムはまず手に入りません。したがって、古代からのビール造りはセルビシアエで造られていたのですが、長年繰り返しビールを造っている間に、発酵タンクの中で突然変異が起こり、ウバラムが出現したと思われます。

カールスバーグ研究所のハンセン氏が、ミュンヘンの黒ビールから酵母を分離したときは、すでに下面発酵酵母でした。彼は研究所の名前にちなんでサッカロマイセス・カールスベルゲンシスと名づけたのです。

長年育ってきた環境のせいでしょうか、セルビシアエは20℃前後の温度でないと、発酵があまりうまくいきません。ウバラムのほうは10℃前後の温度でもよく働いてくれます。ただ本当は、酵母も人間と同じく自分が成長するには25～30℃のほうがありがたいのです。上面発酵の条件は、酵母にとってより活動しやすく、発酵中に多くの香り成分を生産しますので、ビールは香り立ちの強いものになります。

一方下面発酵の条件は、酵母にとっては寒冷地で生活しているようなもので、静かにこつこつ一生懸命働きます。酵母の汗とでもいうのでしょうか、香りの成分生産もそれほど多くありません。香り立ちはおとなしく、味わいのある洗練された味のビールになります。

際立った特徴を持つ上面発酵ビール

きわめて長い歴史を持つ上面発酵ビールは、その地方地方で人々の生活と密接なつながりを持ちながら育ってきました。下面発酵の淡色ビールにその地位を奪われたとはいえ、ビール造りに長い歴史を持つヨーロッパの国々や地方には、特徴あるビールが数多くあります。エールの国イギリス。イギリスからもたらされた醸造技術をベースに、さらに磨きをかけたアイルランドとベルギー。これらの上面発酵ビールとは違う道をたどってきたドイツ。いずれも、チェコのピルゼン地方で生まれ、いまや世界のビール市場に君臨する淡色ラガービールの攻撃に脅かされながらも、長年にわたり地元の人々に愛され続けている上面発酵ビールです。

上面発酵ビールは、下面発酵ビールに比べると、歴史が長いこともあり際立った特徴を持つビールが多いのです。技術が伝えられた初期にはほぼ同じような造り方をしていたのでしょうが、その地域の人々の生活とともに味や醸造法が変わってきたのだと思います。日本のお酒と似たようなところがあります。

醸造法が比較的簡単なのと、誰もがわかる特徴を持っているので、日本の地ビールでも上面発酵ビールが多く造られています。ほとんどがヨーロッパのビールのコピーですから、日本オリジナルなビールも開発してほしいと思っています。

日本の地ビール第1号のエチゴビールで働いていたガーナの友人が、日本酒酵母とビー

泡が発酵タンクからあふれる上面発酵

ル酵母で吟醸ビールを造っていましたが、面白いアイデアだと思います。

一方、下面発酵ビールは、ほとんどが淡色ラガービールで、切れ味のいい爽快な味のビールです。全世界を見渡しても、あえてそれぞれの特徴を述べるようなビールは見当たりません。しいて大きな特徴があるといえば、やはり500年ほどの長い歴史を持つミュンヘン地域の黒ビールの系統でしょうか。いずれにしても、淡色ラガービール以外は生産量はきわめてマイナーです。日本の黒ビールも基本的に下面発酵で造られています。

特徴ある上面発酵ビールの都市をたずねてヨーロッパ旅行をするのも楽しいものです。ビールと同時に、古い町並とその地域の人々の生活と酒文化に触れることができます。

◆新商品はこうして開発される

変遷の激しいビール開発競争

私がサントリーに入社した１９７４年ごろは、ビールの主なブランドは各社１銘柄という時代でした。キリンビール、サッポロビール、アサヒビールの各社はいずれも熱殺菌したラガービール。サントリーは生ビールの『純生』。その後、サッポロが『瓶生』（現在の『黒ラベル』）、アサヒが『本生』と生ビールを発売し、最終的にキリンの『ラガー』も生ビールとなりました。入社当時の各社のトップブランドが残っているのは、製造方法が熱殺菌から生に変わったものの、キリンの『ラガー』だけのようです。スーパードライがヒットしてからの新製品開発競争がいかに激しかったかを物語っています。

海外でもビールの新製品はよく発売されていますが、日本のように20～30年の間に大半のメインブランドが、そっくりなくなってしまうというような現象は見たことがありません。

スーパーへ行ってみると、発泡酒や第3のビールを含めたブランドの種類の多いこと。瓶がほとんどなく、缶ばかり並んでいる。どれもこれもすべて「生」の表示がある。なかにはリキュールの表示まである。30年前の主なブランドは、キリンの『ラガー』と『エビス』くらいのものでしょうか。

米国に行ってもヨーロッパに行っても、30年前に飲んだブランドは容易に手に入ります。世界中で最近の日本のビール市場ほど、ブランドの入れ替わりの激しい国はまず皆無といっていいでしょう。発泡酒の草分けとして発売した『ホップス』は、酒税改定があったのでやむを得ないとしても、1996年にヒット商品として登場した『スーパーホップス』も市場から消え去りました。

この20年間にビール4社が発売した新製品の数は、地域や季節限定品も入れると、ゆうに200銘柄は超えるでしょう。毎年10銘柄以上の新製品が登場したことになります。そのうちいくつの商品が現在も残っているのか、明確な数字は掴みかねます。たまにまだこんなブランドが残っていたのだと驚くことがあります。

新製品を出さなくても、一つの商品で継続的に売れ続けてくれれば商売としては大変ありがたいのですが、なかなかそういうわけにはいきません。どんな商品にも必ず成長期があれば衰退期が出てきます。その周期の長短は商品の魅力によって変わってきます。魅力的な商品ほど成長期が長く、多くの消費者に支持されるのです。より多くの方に支持していただく魅力をどのように創出していくかが新製品開発のキーになってきます。

新製品開発担当者の悩み

1980年当初は、ビールの容器に魅力を感じていただこうと、毎年形の違う容器が出現しました。2ℓや3ℓの樽生容器。さらに改善を重ねた音や細かい泡の出る注ぎ口。グラスのような広口ビンや泡を出せる缶……など、各社の趣向を凝らした容器が毎年発売され、「ビールの容器戦争」と呼ばれました。ただ、便利さや面白さの魅力だけでは長く支持されず、容器戦争はいつの間にか終わってしまいました。

サントリーが『モルツ』を発売したころから、今度はビールの味に魅力を感じていただこうと、各社ともビールの中身開発に力を注ぎ出しました。アサヒ『スーパードライ』の大ヒットでその流れはますます加速され、発泡酒の発売で味の魅力に値段の魅力も加わって、今日に至っているのが日本のビール市場です。

中身に魅力を感じていただくにはどうするか、新製品開発担当者がもっとも頭を悩ますところです。他社の売れ筋よりいい味のものを開発するのはあたりまえのことですが、誰が飲んでもすぐわかるくらいの味の差がつかない限り、十分条件にはなってくれません。より優れた味のビールを開発するのは、醸造技術者の腕の見せどころでもあります。

しかしながら、日本のビール醸造技術は世界のトップレベルを走っており、技術的には各社ほとんど差がないのが現状です。1社がヒット商品を出せば、他社がすぐに同じような製品を発売できるのもその表れです。そこで、味だけでなくトータルとして魅力を感じていただく工夫が必要になってきます。名前、容器のデザイン、CM、味のうんちくなど、すべてがうまくかみ合わないとなかなかヒット商品にはなりません。

とりわけ味をアピールするには工夫がいります。単に「おいしい」ではなんの魅力も感じていただけません。「○○だからおいしいのです」、「○○だからあなたの求める味が実現できました」など、○○にどんな魅力的な表現ができるかが一つの大きなキーです。

『モルツ』は「麦芽100%」。『スーパードライ』は「ドライ辛口」。『一番搾り』は「一番搾り麦汁」にその魅力を託しました。それぞれ原料、味のタイプ、醸造法にヒントを得て、単純かつ魅力的に表現した苦心作でしょう。

新しいアイデアが新製品を作る

新製品開発の担当者の間では、こうした魅力的な表現を創出するため、いろいろ工夫をします。企画担当者と醸造技術者の担当者が泊り込みでアイデアを出し合ったこともあります。あるいは広く社内でアイデアを募集したりもします。ちょっとしたアイデアから別の優れた発想が出ることもあります。麦の殻を除いて造った『ビア吟生』、天然水醸造の『ダイナミック』、ビールを凍らせてすっきり味を実現した『氷点貯蔵』なども、こうしたアイデアのなかから生まれた商品です。いろいろ苦心して開発しましたが、残念ながら今日まで残るほどの魅力を勝ち得ることができませんでした。

一方で、発泡酒は「値段が安い」というきわめて明確な魅力を持った商品でした。そのすっきりした味と相まって、大変なヒット商品となっています。1994年にサントリーが最初の発泡酒を発売してわずか8年間で、ビール市場の約⅓以上を発泡酒が占めるに至りました。2002年には缶だけで比べると、ビールより発泡酒のほうが多くなりました。あらためて値段の要素の大きさに驚かされます。その後、麦芽を使用しない第3のビールやリキュールタイプが出現し、こうした傾向に拍車がかかりました。

もともと発泡酒や第3のビールは、ビールに対して価格の優位性で成長を遂げてきました。しかし市場のシェアが50％前後になった現在、それぞれのカテゴリーのなかでの競争に移ってきています。こうなると土俵は同じ。以前のビールの新製品開発競争の再現です。開発担当者は、各カテゴリーのなかで、再び新しい魅力あるアイデアを求めて模索します。ビールから発泡酒、さらに第3のビールのアイデアが出てきたように、またまた、まったく違う別のアイデアが出てくるかもしれません。

競争原理が働けば、技術は大幅に進歩します。一層の魅力的な商品を期待したいものです。

第4章

「発泡酒」開発競争の舞台裏

◆日本初の発泡酒『ホップス』誕生の秘密

発泡酒の定義

「麦芽を原料の一部とした酒類で、発泡性を有するもの」

酒税法には発泡酒のことをこのように表現しています。この定義だけ見ると、「ビールだって当てはまるではないか」と思われるでしょう。

「その通りです」

ビールも麦芽を原料とした酒で、当然、発泡性を有しています。ただ、ビールの場合は、麦芽は総原料の2/3以上使わなければなりませんし、副原料も使用可能なものがきちんと明記されています。

発泡酒は原料の種類からはじまり、麦芽の使用量なども自由に選択できます。原料に麦芽を使っていても、ビールの定義にあてはまらない酒類が発泡酒と呼ばれており、雑酒の

ビール類関連の酒税の推移（単位：円／㍑）

酒の種類	麦芽比率	1994年	1996年	2003年	2006年
ビール	2/3以上	222	222	222	220
発泡酒①	2/3以上	222	222	222	220
発泡酒②-1	1/2〜2/3	152.7	222	222	220
発泡酒②-2	1/4〜1/2	152.7	152.7	178.1	178.1
発泡酒③	1/4未満	83.3	105	134.3	135.3
その他の雑酒	使用せず	69.1	69.1	69.1	80
リキュール	関係せず	79.4	79.4	79.4	80

なかの1カテゴリーです。

ひと言で言うと、ビールは発泡酒のなかの優等生もしくはエリートです。

発泡酒の酒税は使われる麦芽比率で決められており、私たち（サントリー）が『ホップス』を発売した当時は、麦芽比率が⅔以上はビールと同じ税率、⅔未満と¼未満がそれぞれ異なる税率で、三つのカテゴリーに分かれていました。

その後1996年に大きく改定され、さらに各社が第3のビールやリキュールタイプなど次々と節税タイプを開発したため、2003年と2006年にも酒税が改正されました（表参照）。このような酒税の分類は日本特有のもので、外国では基本的にビールです。

たとえば、麦芽100％のモルツの原料にチェリーのジュースを1%でも使うと、日本では発泡酒になり、麦芽比率は⅔以上なので酒税はビールと同じだけかかります。

過去、ビールとジュースなどをブレンドした発泡酒は発売されましたが、なぜかビールと同じ味の発泡酒はありませんでした。私たちも、そうした製品は発売しないものだという感覚を持っていた気がします。

そのため、1992年に、研究所のメンバーとビール事業部の商品開発担当者が泊り込みで実施した新製品アイデア創出のための合宿で、ビール事業部の北川氏から「発泡酒」のアイデアが提案されましたが、私も含めほとんど誰も興味を示しませんでした。それよりも誰かが提案した、「日本の米の品種はジャポニカだから、米だけを副原料に使い、『ビアージャポニカ』という新製品はどうだろう」というアイデアがなんとなく良さそうで、気になっていたのです。

こともあろうに年が明けた1993年、キリンが米をふんだんに使ったビール『日本ブレンド』を発売しました。

「先にやられちゃったね」

そのビールを買ってきて試飲しながら、メンバーと残念がったものです。

佐治会長から届いた社内メール

その後しばらくして、佐治会長の秘書課から社内メールが届きました。なにごとかと開けてみると、1枚のメモ用紙に『日本ブレンド』と書いてアンダーラインがあり、そのあとに、「米を50％ほど使って日本酒酵母でビールを造ってみてはいかが」とあります。

「『日本ブレンド』対抗商品として米を副原料に半分ほど使い、かつ日本酒酵母で発酵を行ない、より日本的なイメージのする商品を開発したらどうか」

というアイデアであることが、ひと目でわかったのです。

多忙な会長からこうしたアイデアを提案していただいたことに対して、大変感激したものです。

早速メンバーの1人にこの試作を頼み、日本酒酵母では発酵不良になるだろうから、ビール酵母でも造っておくようにと指示しました。

でき上がった試作品を試飲してみると、予想通り日本酒酵母で造ったビールは発酵不良で、残念ながら味はいまいち、ビール酵母を使ったほうは、まずまずのできでした。

「会長は本気だな」

できは悪かったものの、せっかくいただいたアイデアですから、両方の試作品を携え大阪本社の会長室に赴きました。

「会長からいただいたアイデアの日本酒酵母は、麦芽糖に対する発酵能力が弱く、発酵がうまくいきませんでした。残念ながら味はいまいちです。ビール酵母でもやってみましたが、こちらはかなりのできばえです」

「そうか、日本酒酵母はダメか」

残念そうな表情を見せながらも、理科系出身の会長は、日本酒酵母でのできの悪さの理由はすぐ納得して下さり、ビール酵母で造った試作品を飲んで、たずねられたのです。

「なかなか良いできではないか。ところでこれは麦芽比率が少ないから税金が安くなるのだろう。なんぼ安なんね」

私は酒税についてそこまで厳密に調べていませんでした。

「おおよそ○○円安くなります」

と答えると、メガネの奥から鋭い眼光が飛んできました。

「おおよそとはなんだ。科学者のいう言葉か」

「すみません。すぐにきちんと調べて報告いたします」

「報告はいらんが、ちゃんと調べておけ。ええの造ってくれや」

試作品の味に満足されていたのでそれ以上の追及は受けませんでしたが、内心「このビール（発泡酒）について会長は本気だな」と感じたものです。

その後会長からビール事業部にアイデアがもたらされたのか、それともたまたま偶然の一致だったのか、事業部から来年発泡酒を発売したいとの案が出てきたのです。

私は当然ながら、会長のアイデアにあったような麦芽比率が50％そこそこで造るのだろうと意気込んでいたのですが、事業部のアイデアは意外なものでした。

「麦芽比率は65％で結構。スタンダードビールの味を出してくれ」

それを聞いて、一瞬気が抜けてしまいました。

「麦芽比率65％なら、今のビールとほとんど変わりませんよ。いつでもＯＫですよ。しかしなにか面白くないですね」

せっかく発泡酒を造るのだから、少しは苦心してビール以上の味を出したいと思っていた私にとって、この要求は少々物足りないものでした。

「値段が安く、発泡酒というと粗悪なイメージはなんとしても避けたい。せめて味だけでもリスクはおかしたくない」

というビール事業部の考えもわからなくはない。やむを得ず麦芽比率65％の発泡酒造りにとりかかりました。65％の麦芽量であれば醸造プロセス上、なんの制約もありません。いかにおいしい味を造りだすかが開発のポイントでした。もっぱら品質設計をどうするかだけに精力を注いだのです。

テスト販売でようやく発泡酒『ホップス』が誕生した

工場で生産する上でなんの支障もなかったので、93年末の事業部との新製品会議で、「名前はビールらしくホップのイメージがわくように『ホップス』。発売時期は94年4月」と決まり、それに向け着々と準備を整えていたのですが、年が明けての会議で、どうも事業部の面々の様子がおかしい。発泡酒の発売に躊躇しているのです。

「大手のスーパーが安い輸入ビールを発売する。輸入の安いビールと一緒にされて会社のイメージが悪くならないか。さらに、5月に酒税が上がるので、4月に発売するとすぐ値上げせねばならない。ここは輸入ビールの動向をたしかめるためにも、発売を延期せざるを得ない」

聞いてみると、こういう結論だったのです。担当の北川氏は残念がったのですが、仕方ありません。

「これでひょっとしたら、せっかくの発泡酒も陽の目を見ないで終わるかも知れない」

彼も私もそう思ったのです。なかなか発売のふんぎりがつかないトップにしびれをきらし、北川氏は10月に申し入れました。

「静岡でテスト販売をしたい」

「全国発売ではリスクが大きいが、テスト販売ならよかろう」

こうしてようやく、日本初の、ビールとほぼ同じ味の発泡酒が誕生する日がきたのです。

１９９４年の秋のことでした。

今日の発泡酒競争を招いた『ホップス』

酒税が上がってビールの値段が高くなっていたので、「発泡酒」という聞き慣れない呼び名ですが、ビールとほとんど同じ味で、しかも３５０㎖のレギュラー缶で45円も安いのです。きっとビール愛飲家はとびつくだろうと、北川氏と私は内心自信を持っていました。

それでも一抹の不安もかかえていました。

「会社のイメージに響かないだろうか」

ところが発売後、テスト販売の現地に張りついていた北川氏から情報が飛び込んで来たのです。

「所長、大好評ですよ」

正直、ほっとしたものでした。マスコミに「節税ビール」という形で大きく取り上げてもらったお陰で、イメージダウンより消費者の味方と受け止められ、当初の心配は危惧に終わったのです。そして、なにごとも〝やってみなはれ〟の精神が肝心だと、つくづく実感したのです。

その後年末には販売を拡大し、大成功をおさめたのですが、競合他社から「当社はビールまがいなものは発売しない」と、暗に『ホップス』が中傷されていたので、まさか現在のような「発泡酒」や「第3のビール」戦争になるとは思ってもみませんでした。

しかし大成功もつかの間、翌1995年の暮れには国会で、「1996年に発泡酒の酒税を変える」との決議がなされ、麦芽比率65%の『ホップス』にはビールと同じ税金が課せられることになったのです。

◆主原料と副原料が交代した『スーパーホップス』

発泡酒の販売で変わった酒税

1994年の10月に発売した『ホップス』は、その年66万ケース（大瓶20本換算）、翌年の1995年には773万ケースが売れ、サントリーとしては、過去最大のヒット商品となったのです。

しかし1996年の酒税改定のため、喜んでいる暇なく次の対応を迫られていました。

1995年には、『ホップス』の販売が好調ということで、サッポロビールが我々よりもさらに麦芽比率が少なく（25％未満）、酒税も安い『ドラフティー』を急遽5月に発売しました。350㎖缶で、値段は『ホップス』より20円安い160円。

1996年の酒税改定では、発泡酒の酒税は159ページの表のように変わることになっていました。大きなポイントは『ホップス』のカテゴリーはビールと同じ課税をされるという点です。

サッポロビールの『ドラフティ』は、そのまま販売を継続しても若干酒税が上がるもののたいした増税にはならないのですが、『ホップス』は麦芽比率が65％なのでビール並みの課税となってしまいます。これではなんのための商品だったのかとなるため、なんらかの対応をせざるを得なくなりました。

残された選択肢は二つ。麦芽比率を50％未満に下げるか、思い切って『ドラフティ』と同じカテゴリーの25％未満の商品を開発するか。前者は、すでに会長メモのときにトライしていたので、味についてはほとんど不安がありません。しかし、20円安い『ドラフティ』が市場に存在する状況では、価格的にインパクトがない。後者は、プロセスも含めどうなるかやってみないとわからない。

ビール事業部の要請は、厳しいものでした。

「発売は5月連休前。『ドラフティ』よりおいしいものを造ってくれ」

こちらも言われなくてもわかっていたのですが、こうした議論がなされたのが1995年の10月。4月下旬発売となると、少なくとも3月中旬には工場で仕込みを始めないと間に合いません。そのためには2月中に、品質スペックを含め醸造条件をすべて決めないといけなかったのです。開発期間はわずか4カ月。さすがに「25%未満でやりましょう」という自信はありませんでした。

生産トップの専務も、妥協案を出してきました。

「25%未満はそんな短期間では無理だろう。とりあえず50%未満でやって、25%未満は開発を続ける、ということでどうだい」

したがって10月時点の会議では、両者並行で開発をすすめる、ということになっていました。ただこのとき、私は胸の中でひそかな決意をしていたのです。

「2月までに25%未満を開発しないと『ドラフティ』には勝てない。開発エネルギーの大半は25%未満に注ごう」

北川氏からバトンを受けた石井課長にも、決意を伝えました。

「私の気持ちは25%未満ですよ。名前もそのつもりで考えておいてください」

石井課長も大きくうなずいてくれました。

一発必中の決意

そこから『スーパーホップス』が発売される4月まで、二度と経験することがないだろうと思われる緊張と綱渡りの半年間が始まったのです。開発プロジェクトチームを編成し、中身開発・醸造方法の開発は研究所。設備対応は生産部と工場。原料調達は原料部。

プロジェクトチームはできたものの、醸造方法が決まらないことには他のメンバーも動きが取れません。したがって、12月までに醸造方法を決めなければならなかったのです。

開発担当に選んだ若手のエースを呼んで言いました。

「もはや何回も試作をする余裕はない。一発必中を目指そう」

「自信が持てません」

「できなくても君が怒られるわけではない。私が責任をとればよいのだから、悩まず開発に没頭してくれ」

パイロットの試作醸造では、一度に10水準*近いテストができるわけですが、繰り返す時間的余裕がないので、10水準のなかで最低一つは80～90％満足できるものを造る必要がありました。

サッポロの『ドラフティ』は、「麦芽、米、コーン、スターチ、ホップ」と原料表示されていました。入社当時行なった研究の経験から、この原料でおいしい味の発泡酒を造るのは大変だろうと思っていました。

＊水準／種類の違う試作品

「麦芽の使用量は25％未満になっているものの、『ドラフティ』はビールと同じ原料表示をしている。サッポロさんは、あくまで麦芽が主原料と考えているな」

ビールは麦芽が主原料ですが、目指すのは麦芽が25％未満ですから、もはや麦芽は主原料ではなく副原料です。主原料に何を使うかが大きなポイントでした。私は迷うことなく主原料に「澱粉を酵素剤であらかじめ糖化した液体のシロップ」を選びました。この原料を使えば、仕込みは少量の麦芽（『モルツ』の¼量）を糖化するだけでよくなる。つまり『モルツ』と同じ仕込み方法でやれるわけです。

『モルツ』との違いは、仕込み釜に投入する麦芽の絶対量だけです。¼量の麦芽で仕込むに当たって、パイロットの設備ではなんの心配もないのですが、工場の設備でそんな少量でできるだろうかという不安が少しありました。ただ当時は、そんなことで躊躇する暇はなかったのです。

「次の発酵のことを考え、どうしても麦芽と大麦とスターチを組み合わせた水準を一つやってみたいのです」

若い担当者がいうので、20年ほど前のレポートを彼に見せた上で承諾したのです。

「多分ダメだと思うけど、勉強のつもりでやってみたら」

液糖を使うことによって仕込みはなんの問題もなかったのですが、若い担当者が心配したように、次の発酵が大変な課題でした。

麦芽には酵母の成長に必要なアミノ酸が含まれているのですが、液糖には一切アミノ酸は含まれていません。アミノ酸量の多い麦芽を選んだとしても、麦芽25％未満では酵母の成長に必要なアミノ酸が不足します。酵母が十分成長しないと発酵がうまく進まず、うまい発泡酒にはなりません。

このとき、何年か前に濃縮果汁を使ったある種のワインの発酵について、一緒に研究した経験が役に立ちました。このワインの発酵も、やはりアミノ酸が不足してうまくいかない、という問題を抱えていました。

「種類は違っても酵母は酵母。そのときに採用した方法を適用すれば、きっとうまくいくはずだ」

若い担当者にその条件をテスト水準に加えるよう指示しました。

発酵がうまくいくかどうかは、1週間そこそこでわかります。担当者は当然、毎日酵母の挙動を観察していましたが、彼の報告を待ちきれず、私も一緒になって観察したものでした。

1週間経ち、発酵がうまくいったのは、若い担当者が提案した大麦を使う方法と、私がワインの経験をもとに提案した二つの水準だけでした。他の条件の水準は酵母が十分成長しなかったり、成長しても発酵途中でタンクの底に沈んでしまって、発酵が目標内に完了しなかったのです。

問題は味と泡

次の問題は、貯蔵が終わってでき上がったビールの味と泡です。味が第一ですが、泡も同じように大事です。グラスに注いだビールの泡がシャンパンのように消えてしまったらどうでしょう。とても商品にはなりません。ビールの泡を形成するのは主に麦芽に含まれている蛋白質です。麦芽が25％未満ということは、それだけ泡蛋白の量が少なくなります。若手メンバーの提案した大麦を使った水準はどうでしょう。泡はまったく問題ありませんでした。ただ残念なことに、味のほうは20年前の結果の再現となってしまいました。

「雑味が多くキレが悪い。これでは『ドラフティ』に勝てない」

一方、ワインの発酵法を適用した試作品は、予想外に泡が良かったのです。

「少し香りが気になるが、味のほうは雑味がなく、スムーズでキレも良い」

との香味に対する大方の評価でした。

醸造の専門家は香りに敏感なので、香りの少々の指摘は大した問題ではないだろうと思いました。これでほぼ目標はクリアでき、醸造法も確定しました。あとはこの方法をどのように工場に導入し、安定的に生産するかです。我社の技術陣なら短期間にこれらの課題をなんとかしてくれるだろう、と考えました。

大きな難関が一つクリアできた気がしました。

大ヒット商品『スーパーホップス』の誕生

この試作品を大事に抱え、本社の生産専務にプレゼンに行ったのが１９９５年の12月下旬。ビール事業部を含めた新製品会議の前日でした。麦芽比率50％未満の試作品と両方プレゼンしたのですが、25％未満のサンプルを試飲した専務は、生産部長に念押ししてたずねました。

「本当に25％未満なのか。納期までに間に合うのか」

「ややきついですが、なんとかできるでしょう」

翌日の新製品会議で試作品を飲んだビール事業部長はじめ、開発担当部長、石井課長の面々は、にこやかな顔つきになっていました。

「来年は麦芽比率25％未満で勝負します。50％未満は発売しません。生産の皆さんよろしく」

当初は議論が伯仲するかと思われた新製品開発会議でも、あっさり結論が出ました。

これで開発プロジェクトチームの目標は明確になり、それぞれの担当者は翌年5月の発売に向け、きびきびとすばらしい連携と活動をみせてくれたのです。

大ヒット商品となった『スーパーホップス』

こうした苦労が実って、5月発売というハンディを背負いながらも、その年中に８６３万ケース、翌１９９７年には２０１９万ケースも売れ、大ヒット商品になったのです。

「主原料は糖化スターチ、副原料は麦芽」

それが『スーパーホップス』誕生の秘密でした。

この方法は、その後発売された発泡酒の醸造法のベースとなっています。

◆ついにここまできた発泡酒の味

売れている理由は味か、値段か

日本のビール市場は、1994年に私どもがビール味の発泡酒『ホップス』を発売して以降、当時は予想だにしなかった発泡酒の開発競争となりました。ほとんどの発泡酒は麦芽比率が25％未満であり、原料表示には糖化スターチ（会社によっては糖類と表示）とあります。

基本的に主原料はあらかじめ糖化の終了した液体の糖を使い、その他の副原料として、麦芽、大麦、米等を使うのが一般的になってきました。味も『スーパーホップス』に比べれば、かなり改良されました。値段も下がり、ますます市場での発泡酒の比率が大きくなりました。

「値段で売れているのか、味で売れているのか」とよくたずねられます。

あたりまえですが、

「値段と味の両方です」と答えます。

嗜好品ですから、ビールと発泡酒のどちらがおいしいと断言できませんが、値段は無視して純粋に味だけを比べても、意外にも発泡酒を支持される方が多くなっています。

以前私が働いていた中国上海で生産しているビールは、日本の酒税法では発泡酒のカテゴリーになります。麦芽比率が⅔以上に達しません。理由は簡単です。上海でも1996年の操業開始当初は、『モルツ』のような麦芽100%のビールを発売したのですが、味が受け入れられず不評で、嗜好調査を繰り返すと、日本の発泡酒のような味が支持されるということがわかったからです。

世界でもっとも売れている『バドワイザー』も、日本以外で造っている商品は、麦芽比率が⅔以下で、日本の酒税法では発泡酒です（かつてサントリーが日本で造っていた『バドワイザー』は、酒税法上ビールのカテゴリーに合わせて、麦芽比率⅔以上でした）。

一方ドイツでは、いまだに1516年に時のバイエルン候ウイルヘルム四世が公布した「純粋令」を守り続け、麦芽100%ビールを造り続けていますが、一般の消費者が日本の発泡酒のようなものとどちらが好きかわかりません。ドイツでは選択肢がないのです。

値段が安いことが、日本で発泡酒が支持されている最大の理由であることはまぎれもない事実ですが、値段だけではここまで市場が大きくならないのもまた事実です。

『ホップス』を発売した年、ある大手スーパーが『ベルゲンビール』というベルギーのビールを輸入し、３５０㎖缶１００円で売り出したことがありました。値段だけなら『ホップス』よりもはるかに安かったのですが、市場が拡大しませんでした。味が支持されなかったからです。あたりまえのことですが、食べ物、飲み物のような商品の販売量は、基本的に味（品質）×値段で決まるのでしょう。

発泡酒の味は相当なハイレベル

では純粋に「味」の観点から今の日本の発泡酒（麦芽比率25％未満に限定）は、世界的に見てどのレベルでしょうか。私は相当なハイレベルだと思います。しかも、世界的な嗜好のトレンドと一致した、あるいはそれを先取りした味ではないかと思います。

酒税が上がり、値段がビールに近づけば発泡酒はなくなるのではと思われがちですが、私はそうは思いません。むしろ大半のビールが発泡酒の味に近づいてくるのでは、と思います。ビールの場合は麦芽比率が⅔以上という制限があるため、単純に発泡酒と同じ味を造るのは難しいのです。

当初、私たちは麦芽比率ができるだけ少ない条件で、ビールと同じような味を創り出すという努力をしてきました。しかしここ数年いろいろな調査をし、また中国市場のトレンド等を見る限り、「ビールの味を発泡酒の味にどう近づけるか」が今後の課題ではないかと思っています。その典型的な発泡酒が、２００１年10月に発売した発泡酒『ダイエット』です。小泉首相（当時）のご子息をＣＭに使い、話題を提供しました。この商品のキャッチフレーズ、「カロリーハーフ」を実現し、通常のビールもしくは発泡酒に近い味を実現できたのは、発泡酒の醸造法の特徴によるものです。

いろいろな可能性を秘めた発泡酒

ビールでは原料・添加物に制限があるため、過去何度も似たような試みを行ないましたが、いずれもうまくいきませんでした。サントリーの『ライツ』などは、ライトビールの失敗例です。発泡酒を発売する前はビールのまがい物という考えが強く、メーカーもやや腰が引けていたし、消費者の方々も発泡酒の意味がよくわからないため、麦芽が少ないとアルコールが少ないとか、妙な誤解をしていました。発泡酒がここまで普及した現在は、そうした誤解もほとんどなくなったと思います。

いろいろな制限のあるビールの造り方では、味にこれ以上の変化をつけるのは限界に近いでしょう。しかし発泡酒はまだまだいろいろな味を創り出せる可能性を秘めています。酒税がどうなろうと、その可能性はなくなりません。ベルギーの多くのビールは日本では発泡酒です。発泡酒の味を追究することにより、日本でもベルギーの銘酒を造ることが可能です。

1994年に『ホップス』の発売で始まった日本の発泡酒開発競争が第1ステージとすれば、これからの発泡酒は第2ステージ、つまり本当に発泡酒の醸造条件の有利さを活用した商品の開発を目指すべきだろうと思います。

過去、焼酎は安物の酒とのイメージがありましたが、酎ハイという形で焼酎が飲まれるようになり、焼酎に対するイメージががらっと変わりました。酎ハイ人気に支えられ、乙種焼酎が見直され、焼酎のロック、水割り、お湯割り……と、今は若者にも人気のあるトレンディな酒に変わりました。発泡酒も同じような現象が起るだろうと思います。

必ずしも麦芽が主原料でない発泡酒。新たな主原料を求めて開発競争が始まることでしょう。21世紀は発泡酒の時代となるかもしれません。

◆世界に類のない日本の発泡酒

製造法が難しい麦芽25％未満の発泡酒

ベルギーのビールは、日本の酒税の分類上発泡酒に分類されるビールが数多くあります。むしろ日本のビールの分類に入る種類のほうが少ないのではないかと思われます。世界でもっとも有名なブランドである『バドワイザー』も、日本に持ってくれば発泡酒です。世界第1位の生産量を誇る中国のビールも、大半は発泡酒のようです。他の国では、酒税法で麦芽使用量を基準に税金が決められていないため、より支持される味を求めて造っていった結果そうなっただけということです。これらのビールは日本の酒税法では発泡酒ですが、現在の日本の発泡酒とはかなり麦芽比率が違います。大半が麦芽比率55％～65％の間です。醸造法の容易さと、求める味の追求の兼ね合わせでこのようなっていると思われます。

日本の麦芽比率が25％未満という発泡酒は、世界のビール先進国の他の国では存在しません。税金のメリットがないのに、あえて難しい醸造法で造るはずがありません。

『スーパーホップス』を発売した当時、海外のビール会社から日本に来た友人に何度もたずねられました。

「本当に麦芽比率が25％か」

味はまったく問題ないし、泡にいたっては、ビールと同じような泡のリング（エンジェルリング。２７４ページ参照）がグラスに残るのですから、彼らが驚くのも当然かもしれません。一般の方はともかく、ビール醸造に携わった者なら、麦芽比率25％未満でおいしいビールを造るのが、いかに難しいことかよく知っているのです。

世界の最先端を行く日本の発泡酒

２０００年3月、英国が基盤となってオーストラリアとニュージーランドのビール組合を中心に発展してきたＩＯＢアジア太平洋ビール学会（Insutitue Of Brewing Asia & Pacific Section）がシンガポールで開催されました。2年に一度の学会で、主にオーストラリアとニュージーランドの各都市で開かれていたのですが、アジアにも拡大していきたいとのことで、１９９６年に初めてシンガポールで開催され、２０００年に再びシンガポールに戻ってきました。

この学会で、元キリンビールの研究所長をされていた井上氏が、「日本の発泡酒の現状」という演題で発表をされました。井上氏はすでにキリンビールを退職されており、販売量の推移や各社が発表している醸造法、一般的な成分含量、泡の評価等を報告されました。

発表のあと質問がありました。

「麦芽比率が25％より少ないのに、なぜ泡もちがそんなに良いのか。泡の改良剤でも使っているのか」

「私は自分で造っていないので、改良剤を使っているかどうかわからない。ちょうど、サントリーの中谷氏がおられるので、彼に答えてもらいましょう」

このときは、すでにビールの泡に関する理屈が完成した後であり、１９９６年に米国の醸造学会で会長賞をいただいたくらいですから、答えは簡単でした。

「ビールの泡に影響する要因は二つあります。多いほど良いのが麦芽の泡蛋白。少ないほど良いのが、同じく麦芽に含まれる塩基性アミノ酸。我々の発泡酒はたしかに泡蛋白が少ないですが、それ以上に足を引っ張るアミノ酸が少ないのです」

すでに述べたように、ビールの泡について、10年ほど前に麦芽100％の『モルツ』の泡を良くするために研究を開始したのでした。その研究のなかで、アミノ酸が少ないほど良いことがわかったのですが、当時はこの事実が発泡酒で証明されるとは思ってもいませんでした。

入社当時担当したテーマ、『モルツ』に関する泡の研究、またほんの短期間一緒にやったワインの発酵の研究、これらすべてが『スーパーホップス』の開発に生かされたのです。「サントリーに入社したときから、発泡酒を開発する宿命にあったのかもしれない」そのようなことを思いながら、なにか不思議な気がしたものです。

いずれにしても、日本の現在の発泡酒は、世界の醸造家がそろって「まいった」と認める商品です。各社の競争でさらに改善が加えられた日本の発泡酒は、間違いなく世界の醸造技術の最先端をいく技術であり、また発泡酒の味もトレンドの先端をいっているのではないかと思います。

◆ポスト発泡酒

酒税の値上げがきっかけとなった「第3のビール」の誕生

２００３年に、『とりあえずビール　やっぱりビール！』を出版した当時は、そのうち発泡酒の世界にも変化が出て、やがて麦芽を一切使わない〝ビール風味飲料〟が開発されるだろうと思っていましたが、世の中は私の予想以上に早く展開しました。

その一つのきっかけとなったのは、２００３年の酒税法改正です。麦芽比率25％未満の発泡酒の酒税が、１ℓ当たり１０５円から１３４・25円へと一気に約30円値上げされたのです。私達が初めて発売した１９９４年の発泡酒は、麦芽比率25％以上67％未満で、酒税が１ℓ当たり１４３・４円ですが、その後に発売した麦芽比率25％未満の発泡酒は83・３円でした。それとの比較では、51円も増税されたことになります。

「ビールと発泡酒」、「清酒と果実酒及び合成清酒」、「リキュール類と甘味果実酒及びその他の雑酒」の間の格差是正が行われた酒税法改正を横目に、2003年にサッポロビールが麦芽を一切使わない『ドラフトワン』を発売しました。麦芽をまったく使わないとなると、酒税のカテゴリーは「その他の雑酒」となり、もっとも安い酒税（69・1円／ℓ）が適用されました（159ページ表参照）。これに対してサントリーは、麦芽100％のビールに焼酎《しょうちゅう》を添加してリキュール類の酒税が適用される「麦風」を発売しました。

当時のリキュール類の酒税は、その他の雑酒より1ℓ当たり10円余り高いものの、麦芽比率25％未満の発泡酒と比べれば、1ℓ当たり約45円も安いのです。

「発泡酒」戦争から「第3のビール」戦争へ

当時、こうしたカテゴリーの〝ビール風味飲料〟を、マスコミはこぞって「第3のビール」と名づけました。これによりビール業界は、「発泡酒戦争」から「第3のビール戦争」へと突入したのでした。

麦芽を一切使わないその他の雑酒と、ビールや発泡酒にアルコールを添加してできるリキュール類では、前者のほうが製造プロセス的にはるかに難易度が高いのですが、両者の酒税には1ℓ当たり10円の差があったため、各社は競ってその他の雑酒のカテゴリーの商品を発売しました。サントリーは『ジョッキ生』、キリンは『のどごし生』、アサヒは『新生』、『ぐびなま』と、再び泥沼の戦いとなっていったのです。

その他の雑酒とリキュール類の「第3のビール」のシェアが20％近くになると、2006年、財務省はまたもや酒税法を改正しました。その結果、その他の雑酒（実際はその他の醸造酒①と品目を変更）とリキュールは1ℓ当たり80円で統一されました。こうなると、麦芽を使わず、その結果醸造の難易度が高いその他の雑酒から、発泡酒（麦芽比率50％未満）に適量の大麦や小麦のスピリッツを加えることで酒税が大幅に安くなるリキュールに流れるのは自然であり、これ以降の新製品は、大半がこのカテゴリーのものです。味わいもしっかりあり、なかなかの製品が多いのです。

こうした結果、ビールのシェアは毎年下がり続け、2010年には50％程度までになったようです。

その一方で、『ザ・プレミアム・モルツ』や『エビス』のような値段の高いプレミアムビールが好まれ始めたのは、新たな傾向として面白い現象です。どの世界も似たような傾向になっていますが、日ごろ頻繁に使ったり消費したりするいわゆるエコノミータイプと、ハレの日やなにか特別なときに舞台に登場するプレミアムタイプに分れてきているようで、その中間の商品が苦戦を強いられている構図となっています。サントリーも第3のビール『金麦』と『ザ・プレミアム・モルツ』は伸びていますが、その中間の発泡酒『マグナムドライ』は苦戦しています。ビール業界も味や値段が昔の横並びの時代から、オケージョン（状況）に応じた多様化の時代へと突入してきた感があります。

酒税は幾多の変遷を経て現在に至っていますが、ビールに掛かる酒税も数十年に亘ってビール業界と財務省とのせめぎ合いが展開されてきた歴史があります。発泡酒発売後も、「ビールと発泡酒」、「ビールと発泡酒と第3のビール」の間の格差是正のために改正が行われています。今後もいたちごっこのようなことが繰り返されるのでしょうか。

諸外国では、ビール等の醸造酒は一般的に一定額の税率となっていますが、アルコール度数が低いこともあり、清涼飲料的なものとして税率が低く設定されていますので、日本とは大違いです。日本の場合には、まだ、税金は取れるところから取ればよい、という発想が残っているように思います。将来、大きな税制の枠組みが変わるときには、酒税についてもその基本的な考えを明確にした上で、それぞれの酒類の税率を決めるのが望ましいのではないかと考えます。

第5章

ビール職人が教えるうまいビールの飲み方

◆おいしいビール、うまさの秘密

もっとも多くの人に支持されるビールの味

京都大学農学研究科教授の伏木亨先生によると、食べ物のうまさのレベルは3段階に分かれるということです。

一つ目は、その食べ物が安全であるかどうか。

たしかに、どんなに好きなものでも、その中に毒物が入っているかもしれないといわれたとたん、絶対口にすることはありません。またなにかのときに中毒になったり、激しい食あたりを経験した食べ物は嫌いになります。

ちょっとしたマスコミの報道で、かいわれ大根や牛肉業界が大変な被害を受けました。日ごろはほとんど意識せず食べていても、その根底には安全性が保証されているという暗黙の信頼感が消費者とメーカーの間にあるからです。

二つ目は、身体の生理的欲求によるもの。

喉が渇いているときは、ビールはもちろんですが、水であろうがジュースであろうが、どれでもおいしく思えます。逆に好きなビールでも飲み過ぎてくるとだんだんまずくなってきます。ビールはもう結構と思うような状態になっても、酎ハイやウィスキーならまた飲めるものです。これは、ビールに対しては、脳から満腹感の指令が出ていても、ほかの飲み物に対してはその指令が出ていないからなのです。

私の妻や娘などは、しっかり食事をした後でも、ケーキやアイスクリームならペロッと食べてしまいます。やはり満腹感に対する脳からの信号の違いによるものです。どんなに好きな物でも毎日食べていれば嫌になってきます。脳から「飽きた」という信号が送られるのです。

そう考えると、日本人が主食にしているご飯はたいしたものです。毎日3食食べても飽きません。これは副食のおかずにバラエティを持たせているからでしょう。

三つ目が普通の状態での好き嫌い、いわゆる個々人の嗜好です。私達がビールの味を研究し、新製品を開発するターゲットはこの三つ目の個々人の嗜好を対象としています。

ある事業部長から言われたことがあります。

「お金はいくらかかってもかまわないから、誰が飲んでも〝日本で一番旨い〟というビールが造れないか」

また、友人にもたずねられました。

「ウィスキーのように、大瓶1本1000円、2000円というビールが造れないのですか」

「世界一速い車」の目標は簡単です。

「世界一アルコール濃度の高いビール」もその気になれば造れるでしょう。

現在、世界でもっともアルコール度が高いビールは、ドイツのクルンバッハにあるEKUビール会社が造っている『EKU28』というビールで、アルコール度は14%くらいの濃さです。食前酒として飲まれているようですが、ほんのわずかしか売れていません。おいしくないのです。

では、「おいしいビール」とはどんなビールなのでしょう。

万人に一番おいしいと思われるビールを造るのは不可能でしょう。私達が研究を重ねているのは、そのときどきにもっとも多くの方に支持されるビールの味の実現を目指しているのです。車でいえばトヨタのカローラでしょうか。

「なんだかつまらないね」と思われるかもしれません。しかし、嗜好品とはそんなものなのです。

歴史には逆らえません。何千年もの長い年月の間に改良を繰り返してきた結果、現在のビールがあるのです。その改良の目標は、常にそのときどきの大衆の嗜好にターゲットが当てられたはずです。

おいしく感じるビールの味とは

私達が日ごろ口にしているビールの元祖はチェコの『ピルスナーウルケル』ですが、当時のウルケルを現在飲むと、多くの方が「まずい」と言うに違いありません。また明治の初めに日本で造られたビールも、多分「まずい」となるでしょう。

現在の日本のビール愛飲者が求めているビール、つまりおいしいと思っているビールの味はどんな味なのでしょう。

長年ビールの商品開発をやってきて感じることは、ビールの味は、「甘さと苦さ、あるいは酸っぱさのバランス」によって決まるのではないかと思っています。

甘さと苦さ、酸っぱさに関係する要素として、ビールに含まれる成分以外に飲むときの温度があります。

日本の夏は、ビールが冷えていないとおいしくありませんが、「冷やしすぎると、ビールの味がしない」という方もいます。なかなかのビール通だと思います。飲んでみるとすぐわかりますが、冷やすほど甘さが感じられなくなります。苦いビールは冷やしすぎるとより苦くなります。ドイツではビールはそれほど冷やしませんが、ホップの苦味が相当きついビールが多いので、それも一つの理由かもしれません。

ビールの成分で、炭酸ガスは単独で制御できるので、割合簡単な要素です。

以前、炭酸ガスの濃度とおいしさの関係を調べたことがあります。炭酸ガス含量が多くなると、同じホップの量でもより苦く感じることがわかりました。

ビールを缶から直接飲むのと、グラスに注いで飲むのでもかなり炭酸ガスの量が違ってきます。泡の立て方によっても違ってきますが、グラスに注ぐと、炭酸ガスの量が7割くらいになります。缶から直接飲むとやや苦く感じたり、刺激的に感じるのもこのためです。ホップの苦味の少ない米国のビールなどは、比較的炭酸ガスの刺激が強く、よく冷やして缶から直接飲むケースが多いのに対して、ホップの苦味の強いドイツやチェコのビールは相対的に炭酸ガスが少なく、また缶から直接飲んでいるケースはほとんど見たことがありません。日本のビールはどうやらこの中間、もしくはやや米国よりに位置しています。

結局、甘さと苦さ、酸っぱさのバランスを、いかにうまく保ったビールを造るかが、おいしいビールを造るキーだと考えています。

「ビールはそもそも苦い飲み物と思っていたのに、甘さも大事なのか」と思う方もいらっしゃるでしょう。もちろん甘いだけのビールはおいしくないでしょうが、ビール中の甘味成分はきわめて重要です。苦味だけだと、とても飲めたものではありません。

コーヒーを飲む場合を考えていただくと、容易に理解していただけると思います。ブラックコーヒーが好きな人は別として、普通にミルクと砂糖を入れて飲む場合を考えてみてください。誰でも、自分の好みの甘さがあるはずです。少し砂糖がたらないと、やや苦いかなと感じます。ちょっと砂糖を入れ過ぎると、甘過ぎたとなります。人間の舌は、無意識のうちに意外と微妙な量を感知しているのです。

ビールも同じです。苦味成分が好みの甘味成分の量を上回ると、「このビールは苦い。まずい」となります。酸味の成分との関係も同じです。

逆に甘味の成分が多くなり過ぎると、「このビールは爽快感がない。キレがない。しつこい」といったことになるのです。

このように、ビールの味の設計や工場での製造管理においては、最適なバランスになるよう努力をしているのですが、これとは別に、飲むときのさまざまな条件もビールの旨さの秘密になってきます。

生ビールがおいしく飲める理由

工場で飲む生ビールがおいしいのは、二つの理由からです。

まず新しいということ。ビールを缶や瓶などの容器に詰めてしまうと、ビールに含まれる成分が徐々に酸化されていきます。酸化が進むと色が濃くなるなど甘味成分が増えてきます。せっかく甘味と苦味のバランスがとれていたビールの味が徐々にくずれていき、どちらかというと甘味系の味が多くなっていきます。その結果、爽快感がなくキレのないビールになってしまいます。ただ、ブラインドでの嗜好調査をすると、酸化されて爽快感が少なくなっても、やや甘味が勝ったビールのほうが好きとする人もいますから、嗜好とは難しいものです。

もう一つの理由は、生ビールのサーバーの取り扱い方です。工場では担当者がサーバーの洗浄など、きめ細かな注意を払っています。サーバーの洗浄を怠ると、ビールが通ってくるチューブなどに雑菌が繁殖し、不快な臭いがつきます。

ときたま、このようなビールに出会うことがありますが、中ジョッキ1杯を飲み干すのがやっとです。次は思わず瓶ビールを頼んでしまいます。せっかくおいしかったはずのビールも、飲む直前でダメにしてしまうと、それまでの苦労が水の泡です。

サントリーでは、厳しい審査の上、樽生ビールの取り扱いがきちんとできている店には、「樽生達人の店」という免許証と看板を渡しています。この看板が出ている店では、間違いなくおいしい樽生が飲めるという保証書のようなものです。

おいしく飲むためには、グラスと温度が重要

上海でも同じような経験をしています。

私がよく行ったショットバーに三得利（サントリー）の樽生がありました。上海にしては思いのほかよく管理されています。それでもときたま管理の悪いときがあり、その日の初めてのジョッキのとき、首を傾けたくなるような味に出会うことがあります。そのときはすかさず、店の小姐（ウェイトレス）にジョッキを差し出すのです。

「このビール飲んでみて」

彼女達もそれが何を意味するのか、すでにわかっています。

「中谷先生、ごめんなさい」

自分でひと口飲んでみてからそう言って、新しいのに取り替えてくれます。

国は変わっても、おいしいビールはたくさん飲めるものです。バランスが悪かったり、不快な臭いがついていたりすれば、ビールがのどを通っていきません。

単純な要素ですが、飲む容器の大きさも大事な要素です。飲むスピードに応じて適切なサイズのグラスを選ぶ必要があります。どちらかというと、小さ目のグラスのほうが良いと思います。あまりにも大きな容器ですと、飲んでいるうちに温度が上がり、なおかつ炭酸ガスも減ってくるので、「キレがない。爽快感がない」となってしまいます。

私達はビールの味を研究し設計するときには、皆様のもっとも多い飲用シーンをイメージして行ないます。普通は、グラスに注ぎ、5～8℃くらいで飲まれるだろうと考えてビールの味を研究しています。温度も好き嫌いがありますから強制はできませんが、この範囲で飲んでいただくとありがたいのです。

ビールとは離れますが、赤ワインは常温で、白は冷やしてとよくいわれます。渋味のもとであるタンニン（ポリフェノール）の多い赤ワインは、冷やし過ぎると甘味が減り渋味が勝ってしまうからだろうと思っています。白ワインは一般的に甘口が多いので、冷やしたほうがバランスがとれるのだと思います。

しかし赤ワインといえども、日本の気候では冷やしたほうがうまいようにも思います。私は赤ワインも冷やして飲みます。

「お前は赤ワインを飲む資格がない」

入社以来ずっとワインを担当してきた同期入社の連中に言われ続けていますが、好みは好みですから仕方がありません。

フランスに行って、赤ワインを「冷やしてくれ」と言えば、きっと冷ややかな目で見られるだろうと思います。

コーヒーの甘さの調整と同じように、ビールの場合も、個人個人そのバランスの好みが異なっています。Aさんにはちょうど良い甘味と苦味のバランスでも、Bさんにはやや苦味がきついとなるかもしれません。Bさんと同じ嗜好を持った人が多くなると、ビールの味は苦味を減らして設計することになります。

そうなるとAさんはきっと文句を言うでしょう。

「私の好きなビールは造ってもらえないのか」

日本でもラガー、ドライ、麦芽１００％、プレミアム、黒、発泡酒、ライトなど、ある程度の違いを持ったビールは販売されています。

ただ残念ながら、今の日本は、ヨーロッパに比べるとその選択肢は広くありません。大手ビールメーカーのバラエティの少なさを、地ビール会社が補うような形になっているのが現状です。種類が多くなると収益が悪くなるので、大手メーカーはなかなか特殊なビールを売るのが難しくなります。

ヨーロッパだけでなく、日本でもさまざまなおいしさを持ったビールが日常的に飲め、ビール文化が一層深化していくためにも、なんらかの工夫がほしいものです。

◆うまい飲み方をきわめる

中国のウェイトレスは泡を立てないでビールを注ぐ

上海に転勤になって、中華料理店に初めて行ったときのことです。三得利（サントリー）ビールを持ってきた若いウェイトレスがビールを注いでくれました。

彼女にすれば、目いっぱいのサービスのつもりだったのでしょう。ほとんど泡を立てることなく、グラスの縁ぎりぎりまでビールを注ぎました。

グラス1杯でお金を払うならともかく、瓶で支払っているわけですから、きれいな泡を楽しみながらおいしく飲みたいと思っていた私は、少々失望しました。

1杯目のビールが半分ほどになると、テーブルのそばに立っていた先ほどのウェイトレスが再びサービスを始めそうになったので、あわてて瓶を取り上げ自分で泡を立てながら注ぎました。ウェイトレスの若い女性は瓶を取り上げられたので、不審な目でこっちを眺

めていましたが、泡を指差しながら、

「ハオダ（好的）＝good」

というと、どうやら理解したようで、次から泡を立てながら注いでくれました。

ビールの先進国であるヨーロッパでは、ビール文化が日常生活に溶けこんでいます。とくに、ドイツやベルギーでは、ビールを飲むときの泡にこだわるのはもちろん、グラスにも細心の注意を払っています。レストランに入ると、多様なビールグラスがカウンターにずらっと並んでいます。

ベルギーで『フーガーデンホワイト』と注文すると、高さ15㌢程度、直径10㌢程度の、ずんぐりした重みのあるグラスに純白の泡が載った不透明なビールが出てきます。そのグラスは『フーガーデンホワイト』専用のグラスです。周りのお客さんを見てみると、さまざまなグラスでビールを飲んでいます。グラスを見るとビールの銘柄がわかるのです。

どのグラスも共通して綺麗な泡が載っています。もし泡が悪いと文句を言えば、すぐに新しいのに取り替えてくれます。もちろん追加のお金はいりません。それほど、彼らはビールの味にとって、泡は重要な要素であることを長年の経験から知っているのです。

１９９６年に、私達が行なった泡の研究成果が認められ、米国の醸造学会から会長賞をいただきました。その成果を踏まえ「泡まで旨い麦１００％のモルツ」という宣伝コピーを2年ほど流しました。

樽生の泡の良さを宣伝するため、スモーキーバブル、エンジェルリングという表現も創出しました。

メーカーからのこうした情報発信と消費者の意識の向上で、日本でもビールの泡の重要性がずい分浸透してきたように思えます。

ビールをおいしく飲む、とっておきの秘訣

なぜこれほどまでに泡にこだわるのか。同じビールであっても、注ぎ方によっておいしさがずい分違ってくるのです。

ビール研究所長のとき、同じ中身の『モルツ』で、瓶と樽生で嗜好調査したことがあります。ともに製造後数日しか経っていない製品を使ったので、鮮度の差は関係ありません。瓶からは、とくに工夫なく普通に注いだビール。樽生は普通のディスペンサーを使ってクリーミーコックで綺麗な泡が載ったビールを提供し、なんの情報も与えず50人ほどに試飲

してもらいました。

評価は歴然としていました。圧倒的に樽生ビールが勝ちました。

瓶のビールを好きとした人は、ほんの数人だったと記憶しています。

綺麗な泡が載っていると、見た目の綺麗さもあるのですが、飲むときの口当たりもずい分変わってきます。

泡の良し悪しが味を左右する

きめ細かい泡はスムーズでソフトな口当たりを実現します。また空気中の酸素によるビールの酸化も防いでくれます。

それでは、家庭でおいしくビールを飲むとっておきの秘訣です。

①まずグラスはきれいに洗っていることが大前提です。ビールを注いだとき、グラスの側面に小さな泡がたくさんできるようではいけません。ビールを注ぐと、若干ビールの温度が上がるので、ビールは最低5℃以下に冷やしてください。

おいしいビールの注ぎ方
①グラスはよく洗い、自然乾燥させたものを用意。
グラスの底の中央に狙いを定め、注ぎだしは慎重に。
②徐々にビールを高い位置に上げながら注ぐことできめ細かい泡をつくる。グラスの半分くらいまで泡をつくり、上の方の大きな泡が落ち着くのを待つ。
③泡が落ち着いたら、2回目はグラスの側面を伝わらせて注ぐ。
④1回目につくった泡をこわさず、生ビールの炭酸を逃がさないように。泡をグラスの縁から1.5センチ盛り上げたら完成！
理想はビールと泡が7対3。

ついでにグラスも同じように冷やしておきましょう。

②ビールを、まず勢いよく泡立てながら泡がグラスの半分を超すくらいまで注ぎます。その後1分余り待ちます。そうすると大きな泡がつぶれ、泡全体が細かくなります。

③次にグラスを斜めに傾け、グラスの側面に沿ってビールをゆっくり注ぎ、徐々にグラスを立てていき、最後に泡の表面にビールを細い流れで注ぎ、泡をこんもり盛り上がらせます。

④ビール対泡の比率は、「7対3」くらいが理想的です。きめ細かい泡を見ながら、ビールが温かくならないうちに召し上がってください。

◆ビール通たちのきわめつけの飲み方あれこれ

ビールのつまみに合うのはなにか

「黄金色のビールの上に、真っ白できめ細かな泡がこんもりとでき上がった。もうビールの注ぎ方については誰にも負けない」

そう思っているビール通の皆様。でも、まだなにか物足りなさを感じていませんか。

「そうそう、つまみがないのです。塩のきいた枝豆さえあれば、文句はないのだが」

枝豆とビール、ポテトチップスとビール、ミュンヘンの白ソーセージ、ベルギーのムール貝、上海の火鍋《*ひなべ》。いずれもビールがよく飲める組み合わせです。私は寿司屋さんでビールを飲むと、どうもピッチが遅くなります。やはりつまみの相性があるようです。

そう思っていたとき、伏木亨先生の『魔法の舌』という単行本を読んで目からうろこ。世の中大したものです。本当にいろいろな研究をなさっている方がおられるのです。ビー

＊火鍋／しゃぶしゃぶのようなもの。とんこつスープに唐辛子が入っていて辛い

ルのつまみに、なぜ枝豆やポテトチップスが合うのかが科学的に説明できるのです。ビールには、ナトリウム（食塩の要素）が少なくカリウムが多いので、ビールを飲むと血液中のナトリウムが減ってくるのだそうです。血液中のナトリウムが減ってくると、生理的にそれを補給しようとして脳が命令を下します。単なる枝豆ではなく、塩のきいた枝豆を食べるよう命令するのだそうです。

「なるほど、だからいつもビールを飲むときは塩っ気のあるものが欲しくなるのか」

大いなる疑問が解けました。

「ビールのもっとも消費される店は？」

上海に来てたずねると、例外なく「四川の火鍋屋」という答えが返ってきます。火鍋を食べながら私も何度かトライしましたが、たしかにビールがどんどん飲めます。一人大瓶3、4本は簡単にあいてしまいます。これは「塩理論」では説明がつきそうにありません。おそらく「辛子理論」というのも存在するのでしょう。伏木先生、次は上海で火鍋とビールの相性を研究していただけませんか。

ともかく辛い。したがってビールを飲む。でもまた辛いのを食べたくなる。またビールを飲む。この繰り返しです。もしかしたら伏木先生の麻薬の理論かもしれません。そういえば火鍋にはケシの実を入れるとか。

カラオケを歌いながらも、ビールがよく入ります。これも歌で発散するからでしょう。

つまみも大事、相手も大事

一方、家で1人で飲むとなかなかビールが進みません。大瓶1本を空にしようとすると大変です。塩のきいた枝豆、ポテトチップスがあっても駄目です。1人ではどうにもビールが喉を駆け抜けてくれません。むしろ、いやいや喉を流れ落ちていくような気がします。不思議なものです。

ビールをおいしく飲むのはつまみの選択だけではダメなようです。つまみと同時に、飲む相手も大事な要素のような気がします。彼と一緒に飲むと、いつの間にかたくさん飲んでしまうという相手がいるようです。逆に彼と一緒に飲むと、どうもビールが進まないという相手もいます。伏木先生の説では、胃の出口にある幽門の開き方に差が出てくるからだそうです。胃から腸に出ていくところに幽門という弁があって、陽気になるとその弁が開き、食べ物、飲み物がよく通るのだそうです。

ミュンヘンで毎年秋に行われる「オクトーバーフェスト」の賑わい

たしかに、ミュンヘンのビアホールに行くと1ℓの大きなジョッキで何杯も飲んでいる人がたくさんいます。よくあんなに飲めるものだと思うのですが、彼らはときに大声で歌を歌い、またときにはダンスをし、そうでないときは、知り合いであろうがなかろうが、辺りかまわず喋り続けています。

つまみはというと、塩のきいたブレッツェルというミュンヘン特有のパンをたまに食べる程度。

考えてみると、ビールをたくさん飲む条件が全部満たされているような気がします。「大勢」、「陽気」、「発散」、「塩のきいたつまみ」、これに「スパイシー」が加わるともっと飲めるのでしょうが、彼らにはそこまで必要ないのでしょう。

そこで結論です。ビールをおいしく飲む条件。

「自分の気に入ったビールを目の前に置いて、塩味のきいたつまみと気心知れた仲間と語り合いながらグラスを傾ける」

これは本当にビール党の皆様に与えられた特権であり、至福のひとときです。

「乾杯《ツンボール》！」

ミュンヘンのビアホールでは、毎晩この声が鳴り響いています。

◆賞味期限はこうして決まる

消費期限と賞味期限の違い

現在、食品には「消費期限」、「賞味期限」という二つの表示の仕方があります。「消費期限」は、おにぎりやお弁当など日持ちがしない食品に使用されており、「この期間内に食べていただかないと、健康を害するかもしれません」という表示と考えてよいでしょう。

一方、ビールの賞味期限は「この期間内に消費していただければ、おいしく味わえます」との意味なので、賞味期限が過ぎたからといって、健康を害するようなことはありません。ただ、味が落ちる可能性はあります。

ビールの場合はどのくらいの間、飲用可能なのでしょうか。「永久に可能」といっても間違いではないかもしれません。

ときたま、お客様からこんな問い合わせがあります。

「置き忘れた2年ほど前のビールが出てきたのだが、飲んでも大丈夫だろうか」

「何年たっても今のビールは腐りませんので、飲んでいただいても結構ですが、味は少々まずくなっていると思います」

と答えながら、

「どのくらいまずくなっているのだろうか」

と気になります。

10年前の缶ビールの味

利根川工場に勤務していたとき、２００２年の４月に創業20周年を迎えました。１９９２年の創業10周年のときに造った記念デザインの缶ビールが、工場長室に飾ってありました。

「10年前のこの缶ビールの味はどうなっているのだろう」

ふと思いついて、１缶冷蔵庫で冷やし、空けてみました。

色は少し濃くなり、透明度は若干落ちますが、泡もしっかり立ち、見た目は普通のビールとそう変わりません。口にしてみると、ややしつこくてキレが悪く、ふだん飲んでいる新鮮なビールとはかなり違いましたが、けっして飲めない味ではありませんでした。10年経っていましたが、部屋に1年近く置いておいたときの味と、そう大きな差はないという感じでした。

ビールの味は、1年以上経つと、それ以上はあまり大きな変化がないのだと、このとき実感したのです。

ビールの賞味期限が9カ月の理由

現在、各社のビールの賞味期限はほとんどが9カ月となっているかと思われます。はたしてこれでよいのかという疑問が残ります。各社こぞって新鮮なほどビールはおいしいと言っているのに、賞味期限として9カ月もの間、本当に保証できるのでしょうか。

冷蔵庫に入れておけば、1年経ってもそう大きな味の変化は起きません。しかしビールの場合は保存法を限定していませんので、普通に保存された状態を前提としているはずですから、夏場は30℃を越える可能性は多分にあります。そんななかで3～4カ月過ごしたビールと、造り立てのビールの味を比べるのは酷な比較です。違っていてあたりまえです。

それではなぜビールの賞味期限は9カ月になったのでしょうか。味は日に日に変化していくわけですから、ここまでが賞味期限と科学的根拠を持って線の引きようがないのです。「常温（20℃程度）で保存して、ビールの透明度が悪くならず、香味も酸化などによる大きな変化が表れないまでの期間」

結局、透明度はともかく、香味についてはきわめて抽象的な基準で決まったのが9カ月。日本だけでなく世界のたいていの国が、1年近くの賞味期限を設定しています。私が飲んだ記念ビールではありませんが、1年の賞味期限なら、10年と書いてもさほど変わりがないじゃないかとなります。

中国では賞味期限を長く設定して、「醸造技術が優れているから長いのだ」と主張しているようなメーカーもあります。本末転倒もはなはだしいものです。なぜこういうことになるのでしょうか。

本来、ビールに賞味期限などという表示を求めること自体に無理があるのです。各社が言っているように、ビールは新しいほどおいしいのです。

「工場見学で飲むビールはおいしい」

誰もがそうおっしゃいます。あたりまえです。普通は工場で飲むビールより新しいビールを飲むことができません。

「賞味期限9カ月とありますが、本当に9カ月経ってもおいしく飲めますか」とたずねられたとき、返事に困ります。心ある技術者なら、日本の気候で9カ月経ったビールがおいしく飲めるとは誰一人思わないでしょう。

なにごとも一律に決めようとすると無理が出てくるわけで、ビールの場合は、「消費期限＝永久に安全です」「賞味期限＝早く飲むほどおいしくいただけます」と表示するのが、消費者の方に対する親切なメッセージだと思います。

24缶入りのビールを1ケース買ってきて毎日1缶飲まれる方なら、最初と最後で3週間ほどの差が出ます。夏場に部屋に置いておけば、最初飲まれた1缶目の味と最後に飲まれた缶の味は違ってきます。それほどビールの味はある意味で繊細です。保存についても十分気を遣っていただくほうがいいかと思います。

ドイツには古くから、ビールは醸造所の煙突の影が落ちる範囲で飲むものだ、という言い伝えがあるそうです。当時に比べれば保存性に関する醸造技術も飛躍的に進歩しましたので、醸造所の煙突の影が落ちる範囲とはいいませんが、含蓄のある表現です。

賞味期限にだまされてはいけません。ビールは新鮮なほどおいしいのです。

◆ビールをうまくする保存の仕方

日光臭を防ぐために使われる褐色の瓶

繰り返しになりますが、ビールは新しいほどおいしいのは間違いありません。工場見学に何度か来られた方で、こんなことをいわれるお客様がいます。

「何度か飲んでみたけど、家で飲むビールはどうしてもここで飲むビールと味が違う。工場で飲むビールと市販のビールは、違うビールを詰めているのではないか」

「決してそんなことはありません。まったく同じビールを詰めております」

お客様の疑問も無理のないことです。工場で飲まれるビールはでき立てで、しかもきちんと管理したサーバーで注いだ樽生だからです。

ビールは、瓶や缶などの容器に詰められた瞬間から老化（劣化）が始まると考えていただいてもさしつかえないでしょう。ビール中に含まれるさまざまな成分が、わずかに混入する酸素で酸化されたり、太陽の紫外線で分解されたりして別の物質に変わります。

ビールのラベルには、「冷暗所に保存してください」と書かれていますが、太陽光の影響は単純です。ビールに含まれるホップの成分で、イソフムロンと呼ばれる苦味の成分が紫外線の影響を受け、一部が分解されます。この物質とビール中のわずかに含まれるイオウ物質が反応して、日光臭のもとになる成分が作られます。日光臭は「キツネ臭あるいはケモノ臭」とも呼ばれ、特有の臭いがします。

こうした変化を防ぐため、ビール瓶には褐色のものが多く使用されます。ヨーロッパや中国では、みどり色により魅力を感じるらしく、プレミアムにはみどり色の瓶が多く見受けられます。しかし、みどり色のほうが褐色より光の遮断力が弱いので、保存には一層気をつけなければなりません。

日光臭のつかない製品

日光臭のつくメカニズムがわかり、ホップの成分の研究が進んだ結果、苦味は感じるが日光臭のつかない化合物が市販されるようになりました。米国のミラー社はこの化合物をいち早く採用し、透明瓶に入れて『ミラーハイライフ』なる新製品を発売しました。ハイライフとは寿命が長いという意味ですが、日光臭だけがビールの老化の原因ではないので、大きなインパクトにはなりませんでした。

珍しもの好きの中国でも、透明瓶に入れた生ビールのプレミアム商品が売られ始めました。やはり日光臭のつかない化合物を使っています。この物質の苦味はホップ成分の苦味と似ていますが、少々香味に特徴があるのと、日本では香料と表示しなければならないため、国産ビールにはほとんど使われていません。

缶ビールは日光臭がつく心配はありませんが、酸化による老化は、瓶も缶も同じように進みます。ビールを容器に詰める工程で、わずかに混入する酸素が老化の大きな原因です。ビールに混入した酸素とビールのいろいろな成分が反応して、酸化臭の原因になる化合物ができてきます。このときビール中で活性酸素ができていることが最近の研究で明らかになってきました。人間の老化も活性酸素が引き起こすようですが、ビールも同じなのです。

ビールが老化していくと、紙あるいはダンボールに近い臭いがついてきます。専門家の間では「ペーパリー」、「カードボード」というように表現されます。この臭いのつき方は、保存温度とその期間と混入する酸素の量でほぼ決まってきます。当然ながら、温度が高いほど早くつきます。また酸素が多いほど強い臭いがつきます。

保存期間に影響を与える温度

「官能評価をしてください」

ある日、若手のメンバーがパイロットプラントで試作したビールを持ってきました。飲んでみると強烈な酸化臭がします。

「いったいこのビールはいつ瓶に詰めたのか」

「2日前です」

2日でこんな臭いがつくはずがないので、問いただしてみました。

「炭酸ガスを入れるときに間違えて酸素ボンベを使ってしまいました。すぐ気がついて切り替えたのですが、やはりダメですか」

若手メンバーの失敗で、私も、「ビールにとって酸素がいかに大敵か」という普通はできない貴重な経験をしたのです。

酸化臭の研究で、保存温度の影響を調べてみました。10℃変わるとおおよそ3倍保存期間が違ってくることがわかりました。30℃で1カ月保存すると、20℃で3カ月保存するのとほぼ同じくらい老化が進みます。

10℃と比べると、3×3＝9。

つまり、10℃で9カ月保存するのと、30℃で1カ月保存するのとほぼ同じということになります。

0℃では、3×3×3＝27。

なんと27カ月、2年以上に相当するわけです。

逆に、40℃で置いておくと、わずか10日間で30℃で1カ月保存するのと同じくらいの老化が起こってしまいます。

冷蔵庫に入れておくと、長く置いておいても意外と酸化臭は感じられません。夏場にはあまり買いだめせず、冷蔵庫に入る分くらいを買って補給していくのが一番良い保存法ということになります。缶ビールなどは、冬場は暖房のきいた室内より、外に置いておいたほうが良いことになります。ただ最低気温がマイナス3℃以下になる地域ではビールが凍ってしまうのでこの方法は使えません。

こうしてみると、できるだけ我が家の冷たいところを探し当て、ビールを保存するようにしていただくのと、ちょっとした安売りセールの誘惑にかられて何ケースも買いだめをしないのが良い保存法といえます。

第6章　ビールと健康

◆ビールの成分（ビールは総合健康食品）

ビールにはおいしくて健康に良い成分が豊富

アルコール飲料のなかで、ビールには身体に良い成分が豊富に含まれています。

現在、世の中には健康食品なるものが、数多くあふれていますが、それらは食べてみてもけっしておいしくはありません。ビールの場合は楽しく味わいながら、しかも健康食品と同様の成分を補給できるのですから、ビール党にとってこれ以上ありがたいことはありません。かくいう私もビール党の一人ですが、あらためて身体に良いビールの成分を詳細に調べてみたいと思います。

ビールの主な成分

（1）水

まず、ビール１００グラムの成分を大別すると、90グラム強が水です。

「なんだ、ほとんど水を飲んでいるのか」と思われるかもしれませんが、人間も含めあらゆる生き物にとって水ほど大事なものはありません。しかも後述するように、ビールに含まれる水は、世界のどの国に行っても衛生管理の行き届いた飲み物と言えるでしょう。

（2）エタノール

次に多いのがエタノールと炭水化物。この二つの成分と水を合わせると、ビール１００グラム中の99グラムを超えます。一般的にはアルコールと呼ばれているエタノール自体は健康に良いはずがないのですが、楽しく酔わせてくれるおかげで私達の健康維持に一役かっています。

（3）炭水化物

エタノールとほぼ同じくらい含まれている炭水化物は、糖分と澱粉質です。ビールの種類によってその量にかなりの開きがありますが、通常のビールであれば3〜4グラム含まれています。この澱粉質はいうまでもなく、ご飯のそれと同じ成分です。

（4）炭酸ガス

4番目に多い成分は、意外と気づかない炭酸ガス。おおよそ0・5㌘です。炭酸ガスも特別身体にいいということはありませんが、ビールの爽快感を与えるのには大変重要な成分です。気が抜けたビールは爽快感に欠け、けっしておいしい飲み物ではありません。こうしてみると、ビールは結局、水とエタノールと炭水化物で、いったいなにが総合栄養食品かと思われるかもしれません。秘密は、残りのわずかコンマ数㌘という成分に隠されています。

（5）アミノ酸

日ごろはあまり耳にしない成分ですが、小学校の理科か家庭科の時間に習った、必須アミノ酸という言葉を思い出していただきたいのです。言葉の通り私達の生命維持に必ず必要な成分で、20種類近いアミノ酸がありますが、そのなかで人間が自分の体内で作れないアミノ酸9種類を必須アミノ酸と呼んでいるのです。このようなアミノ酸を含め、ビール中には18種類ほどのアミノ酸が含まれています。

アミノ酸の由来は、もちろん麦芽からで、そのもとは麦ということになります。ビール中に含まれる量は、ビールの種類によって大きな違いがあります。当然のことながら、麦芽の使用量の多いビールほどその含量が多くなります。

麦芽１００％の『モルツ』の場合、１００グラム当たり約１００mg（ミリグラム）（０・１グラム）含まれています。米やスターチを30％ほど使ったビールでは、約半分の50mgくらいしか含まれていません。参考までに、麦芽使用量25％未満の発泡酒ではほとんどないといってよいでしょう。

なぜ麦芽の使用量に比例しないのか、と疑問を抱かれるかもしれないので、若干説明をつけ加えますと、発酵を始める前の麦汁には、ビールに含まれる量に70～80mgたした量が含まれていますが、発酵中に酵母によりこれらのアミノ酸が食べられてしまいます。もともと麦汁に80mg程度しかない発泡酒の場合は、その大半が酵母によって消費され、製品にはほとんど残りません。このように麦芽の使用量によって、ビール中に残るアミノ酸の量は大きく変わってきます。麦芽１００％のビールが身体に良いといわれる理由の一つがおわかりいただけたでしょうか。

酒類のビタミン群平均含有量（ミリグラム／リットル）

	淡色ビール	清　酒	ワイン（赤）	ワイン（白）
ビタミンB1	0.043	0.0028	0.010	0.010
ビタミンB2	0.327	0.034	0.177	0.032
ビタミンB6	0.370	1.146	0.350	0.310
ニコチン酸	4.480	0.479	1.360	0.820
パントテン酸	0.565	0.243	0.980	0.810
ビオチン	0.0025	0.0036	0.002	0.002
葉　酸	0.040	0.0009	0.002	0.002
イノシトール	39.00	12.85	330.0	500.0

（日本醸造協会編、醸造成分一覧表より）

(6) ビタミン

最近では、健康食品の広告などで、アミノ酸よりもよく目にする言葉です。とくにビタミンCはいろいろな場面に登場する言葉です。清涼飲料にもそれを連想する製品があります。『オロナミンC』、『デカビタC』などのラベルには、誇らしげにビタミンC○○mg含有と書かれています。ラベルにはなにも書いていないので知っている方は少ないですが、ビールにはいくつものビタミンが含まれています。しかもその量は他の醸造酒に比べると、大半がより多く含まれています。とくにアルコールの分解に必要なビタミンB群が多いのが特徴です。ちなみに、蒸留酒にはこうした栄養素はほぼ皆無といってよいでしょう（表参照）。

この差の大半は使用する原料に由来するもの

で、米やとうもろこしに比べ麦に含まれるビタミン類が多いためです。麦ご飯が健康に良いといわれているのと共通の理由です。

こうした機能を持ったビタミンを多く含んでいるため、新鮮な野菜を保存する設備のない時代の航海には、ビールは大変貴重な飲み物であり食べ物でもありました。長く船旅をすると、理由もわからず病気になっていました。ところが、ビールを飲み続けるとその病気にかからないということを経験的に知るようになったのです。

（7）ミネラル

ビールにはカリウム（K）、ナトリウム（Na）、カルシウム（Ca）、マグネシウム（Mg）等のミネラル類が含まれています。中でも大麦由来のカリウムは、ビールによりことなりますが、麦芽100％のビールの場合、500mg／ℓ前後含まれています。一方、ナトリウムはその1/10以下で、カリウム含量がきわめて多いのが特徴です。

カリウムが多く、私達の血液中の重要成分であるナトリウムが少ないことが、後述するようにビールのつまみや利尿効果と密接につながっていることをご存知の方は、相当な博学兼ビール通に違いありません。ビール党であり長年ビールの研究をしてきたにもかかわらず、浅薄な知識しか持ち合わせていない私は、『魔法の舌』を出版された伏木教授にお会いするまでこのことを知りませんでした。

伏木先生の、ねずみを使った研究によると、こうです。

「カリウムの多いビールほど、ねずみが好む。つまり、ねずみは水よりもビール、ビールのなかでは麦芽の使用量の多いビールをより好んで飲む」

ねずみのこうした反応は、純粋に生理的な影響から説明できるそうです。

ビールを飲むと、血液中のナトリウムが少なくなり、逆にカリウムが増える。その結果、ビールを飲むと、早くカリウムを排泄しようとしてトイレが近くなる。ねずみは銘柄やイメージに左右されず、本能的に身体に良い、あるいは優しいほうを選ぶのでこうした結果になるとのことです。

「塩分を控えなさい、お酒もほどほどに」

高血圧の方は、お医者さんから決まり文句のように言われますが、カリウムが多くナトリウムの少ない麦芽100％のビールを飲んでいる限りにおいては、お医者さんの忠告に耳を傾けなくてもいいということになります。

まことにビール党にとっては嬉しくもあり、ありがたい話です。

◆「ビールを飲むと太る」は本当か？

アルコールはカロリーとして蓄えられない

よく「ビール腹」という表現が出てきます。ドイツのミュンヘンに行くと、胴周り1㍍《メートル》以上と思われる方を何人も見かけます。ビアホールに入ると、見かける確率はぐっと上がります。彼らは例外なくビールを浴びるほど飲んでいます。やはりビールを飲むと太るのでしょうか。

これを証明するため面白い実験をされた方がいます。太る実験ではなく、その逆の実験をやったのです。

「あるグループは、通常の食事で成人の1日必要カロリー分（約2500㎉）を摂取し、別のグループは、カロリーの半分を通常の食事で、残りのカロリーをビールで摂取する」

ビールを飲むグループは、毎日350㎖の缶ビールを8缶ほど飲む計算になります。

この食生活を1カ月続けた後、各グループの体重を計りました。通常の食事をしたグループはほとんど変化はありませんでした。

毎日ビールを3ℓ近く飲み続けたグループは、3～4キロ体重が減ったそうです。

ビールのカロリーの約2/3はアルコール、残りは主に炭水化物ですが、アルコールは瞬時に体内で燃焼するため、カロリーとして計算はされますが蓄えることができません。したがって、この実験結果は栄養学的に考えても当然のことだろうと思われます。

ビールでダイエット

この実験をもとに、「ビールダイエット」、つまり「ビールを飲んでスマートになろう」というのを考えてみませんか。

しかし現実には、ビールをよく飲む人は、お腹が出た人が多いのも事実です。でもけっしてビールに責任があるわけではありません。お腹の脂肪の原因は、まぎれもなく食べ過ぎです。

ビールを飲む環境がついつい食を促すのです。大勢でビールを飲みながらわいわいやっていると、いつの間にか焼肉の皿が積み重なっています。

以前、米国で面白い集団訴訟のニュースが流れました。ハンバーガーで有名なマクドナルド社が訴えられたのです。

「マクドナルドのハンバーガーとフレンチフライを食べ続けたため、14歳で身長146センチの娘の体重が、77キロにも達する肥満になった」

高カロリー食品への注意を呼びかけるマクドナルド社の警告が「目立たなかった責任」を追及するとの内容です。

当然マクドナルド側は反論しました。

「1日にして太るわけでなく、日ごろ少し注意すれば防げる問題で、非常識である」

たしかに、肥満は本人の問題であり、食べ物や飲み物を提供する側を訴えるべき問題とは思いませんが、ビールを飲むシーンはいかにも太るための要素がいくつもからんでいるように思います。

どうでしょう。食べているといえばいいのでしょうか。それとも飲んでいるといったほうがいいのでしょうか。

いずれにしても、ビールを飲み出すと時間が長いですね。2時間ぐらいは平気でやっています。

太るのはつまみが原因

マクドナルドハンバーガーとフレンチフライではありませんが、ビールを飲むときの食べ物も結構カロリーが高そうです。焼き鳥、焼肉、焼きそばの定番3焼きに加え、餃子、ソーセージ……。1人ではとても飲めそうにないビールも、4、5名で飲みだすと何杯でもいけます。ビールにつられて焼き鳥の串の本数も増えていきます。

食べる総量が多い上に、ビールを飲み続けていますから、体内には常にアルコールが補給され続けています。体内のアルコールは、優先的に分解されます。アルコールが分解されている間は、カロリーは十分満ちたりているのです。このため肝臓にエネルギー源として蓄えられているグリコーゲンと呼ばれる糖分はもちろん、食べた肉類などもカロリーとして使う必要がなく、そっくり蓄えられることになります。

おまけにアルコールでカロリーを補給していると、血液中の糖分が不足してくるので、どうしても糖や炭水化物類が欲しくなります。ディナーパーティの最後に、欧米人はよくケーキやアイスクリームを食べますが、いつも感心して見ています。私はとても食べる気がしないので、いつもコーヒーを注文して終わりです。

しかし、私達もお茶漬けやラーメンがあれば食べたくなります。あまり欧米人のことをとやかくいえそうにありません。

ビール党の皆さん、ビールを飲み過ぎてもけっしてビール腹になることはありません。あなたが誘惑に負けて食べる焼き鳥、焼肉、焼きソバ、餃子、おでん……、最後のお茶漬けやラーメン。この誘惑がビール腹を作るのです。

お互い気をつけましょう。

◆ダイエットにもなるビール酵母の不思議

生の酵母は苦い

一時「酵母ダイエット」という言葉が流行になりました。名古屋の医師が考え出したメニューのようです。粉末酵母とヨーグルトを混ぜて食べると、カロリーは少なくても、栄養も十分で満腹感も得られる、ということから、とくに若い女性の間で人気になったようです。

「酵母ダイエット」をインターネットで調べると、ちゃんとメニューが載っています。

「市販のヨーグルト90～１００グラムにビール酵母10グラムを加え、よーく混ぜる。砂糖を好み量入れる」とあります。これでカロリーは約１２０kcal。３回食べても、ざるそば1枚分のカロリーとか。たしかに低カロリーです。

利根川工場に勤務していたときに、スナックのママさんからせがまれました。

「工場長、酵母が欲しいのですが、利根川工場には捨てるほどあるのでしょう」

ちょうど「酵母ダイエット」がブームになったころです。

たしかに生の酵母であれば、ビール工場には処理するのに困るくらい酵母があります。でも生の酵母にはホップの苦味成分がしっかりくっついているので、苦くてたまりません。また、酵母は多糖類の一種のマンナンという物質でできた細胞壁でおおわれているため、そのままでは消化できません。市販の粉末酵母と同じものを作るには、工場で出てくる酵母をアルカリ性の水で何回も洗浄し、乾燥させて細胞をつぶさなければなりません。意外と手間がかかります。

秘密は麦汁にあった

ダイエット食品として大変人気の出てきた粉末酵母ですが、その秘密はどこにあるのでしょう。

酵母といっても、ビール酵母、ワイン酵母、日本酒酵母などいろいろありますが、なかでもビール酵母がもっとも栄養価が高く、ダイエット食品に適しています。その秘密は、じつは酵母でなく麦汁にあります。

ビールの発酵は、麦汁に酵母を添加して始まります。麦汁に添加された酵母は、麦汁に含まれる糖分、アミノ酸、ビタミン、ミネラルなどを吸収して新たな細胞を作っていきます（専門的にはこれを細胞増殖と呼んでいます）。同時に活動のためのエネルギーは糖分をアルコールと炭酸ガスに変えることによって手に入れています。

麦汁の栄養素のうち、酵母に吸収されなかったものがビール中に残ってくるのです。つまり酵母の細胞内には、麦汁に含まれている大部分の栄養素が濃縮され、ビールよりはるかに多い栄養素が含まれていることになります。

このように、酵母は麦汁の栄養素を吸収して育つので、麦汁の違いによって酵母に含まれる栄養素に差が出てきます。

極端な例として、麦芽１００％の麦汁で発酵させた酵母と、麦芽25％の発泡酒で発酵させた酵母では、細胞内に含まれる栄養素に大きな違いがあります。当然、麦芽１００％の麦汁で発酵させた酵母のほうが、より多くの栄養素が含まれています。同じ理由から、日本酒の発酵に使った酵母や、ワインの発酵に使った酵母もその栄養素に違いがあります。どうやらビールと同じく麦芽１００％の発酵に使った酵母が栄養価の視点ではもっともよさそうです。

昔から医薬としてあった乾燥酵母

「酵母ダイエット」で乾燥酵母の名が広く知られるようになりましたが、乾燥酵母そのものは古くから、『エビオス』の商品名で医薬品として売られていました。昭和の初め、大日本麦酒が研究を重ね、脚気などの治療に効果が認められたことから、医薬品の認定を受けました。栄養不足になりがちな戦時中や戦後間もなくのころは大変効果を発揮したそうです。現在では栄養失調から脚気になる方はほとんどいないので、乾燥酵母を医薬品として認めてもらうのは難しいかと思います。

栄養失調を回復させるために開発された乾燥酵母が、現在ではダイエットのための健康食品として利用されているのは時代の趨勢《すうせい》でしょうか。

2000年の乾燥酵母の売上げが約30億円だったのが、「酵母ダイエット」がブームになった2001年は約70億円と2倍強の乾燥酵母が食べられたことになります。

話はそれますが、ビールの製造に使われる原料はすべて天然物ですが、それだけでなく、麦芽の搾りカスは牛などの飼料に、酵母は健康食品にと再利用されています。

ビール造りは環境面からも優れた産業の一つです。

◆ビールは世界一安全な飲み物？

東南アジアの氷に気をつけよう

海外旅行、それも東南アジアや中国に行かれた方々から、ひどい下痢にかかったとか、場合によっては帰国後B型肝炎を発症したなどと聞くケースがあります。

じつは私も上海に転勤になる数年前、会社の同僚2人と中国の合弁会社を訪れることになりました。注意事項その①として、くれぐれも水を飲まないこと。当然、氷も同じ。たとえウィスキーのロックでもダメ。その②、生野菜、刺身を含む生魚類も要注意。以上の教訓をベースに約1週間の旅に出かけました。

合弁会社を訪れて3日後、私はなんともないのに同僚の2人がひどい下痢になったのです。いろいろ食べた物を検討してみると、2人と私の差は、鮭の刺身を食べたか否かの差であろうとの結論に至りました。

私は鮭の刺身は食べず、さらに用心のため唐辛子をバリバリ食べました。同僚2人も注意はしていたので、刺身そのものは2~3切れほどしか食べなかったのですが、やはりダメでした。鮭の刺身そのものが悪かったとは思われないのですが、どうも刺身を冷やすために使用していたクラッシュ氷に原因があったようです。

同じような例として、タイに旅行した私の次女とその友人2人が、クラッシュ氷の上に乗っている果物を食べてひどい下痢になったそうです。

海外では、くれぐれも水と氷には気をつけてください。

なお私が食べた唐辛子などの辛い成分は、静菌作用があり、下痢対策になります。

炭酸ガスが菌を殺す

水がこれほど危ないのに、90%以上もの水を含むビールがどうして世界一安全な飲み物に早変わりするのでしょうか。

最大の秘密は炭酸ガスです。病原菌が増えるためには酸素が必要ですが、ビールは炭酸ガスで充満している上、製品になったときわずかに混入する酸素もビールの成分に吸収され、数日後にはなくなってしまいます。

一時、大腸菌の一種であるO157による汚染が問題になりましたが、あの菌がビールに入ったとしても、瞬く間に死んでしまいます。コレラ菌や赤痢菌にしても同様。肝炎を引き起こすウイルスも同じです。

海外に行くと、レストランに入っても日本のようにはけっして水が出てきません。メニューには水が載っていますが、どうかするとビールより値段が高いのです。もちろん、私はそんな水を飲むわけはないのですが、あるときの欧州旅行で一緒だった娘が、どうしても水が飲みたいというので、しぶしぶ注文しました。私の予想通り、ウェイトレスが持ってきたのは炭酸ガス入りの水。ひと口飲んで、娘も顔をしかめました。

「失敗した。コーラにすれば良かった」

炭酸ガスの酸味がきつい水は、なんともいえない味です。欧米人は割合平気で炭酸ガス入りの水を飲んでいます。これは、けっして欧米人が炭酸ガス入りの水が好きだということだとは思えません。彼らはそのほうがより安全であることを知っているからです。

おそらく、炭酸ガス入りでない水で、過去にいろいろとトラブルがあったのだろうと思います。炭酸ガス入りとそうでない水では、微生物の品質管理に大きな差があります。もちろん、ビールと同じ理由で炭酸ガス入りのほうが品質管理がはるかに楽なのです。

現在、日本製でも日常的にペットボトルに詰まった水が売られていますが、炭酸ガス入りは極めてマイナーです。

「ただの水でどうしてあんな値段がするのか」

疑問を持たれる方は、是非、山梨県の白州蒸留所の場内にある水工場の包装現場を見学してください。水の製造における微生物管理が、いかに大変かわかっていただけると思います。

ビールにとってやっかいな菌は乳酸菌

こうしてみると、水にくらべてビールは微生物管理をいい加減にして造ってもよさそうに思われそうですが、とんでもありません。生ビール造りにおける微生物管理は大変なものなのです。

たしかに、水のように病原菌には気を遣う必要はないのですが、酸素がなくても生存し、成長する菌がいたるところにいるので、これまた厄介なのです。幸いなことに、これらの菌はビールの味は損ねるものの、健康を害することはありません。代表的な菌としては乳酸菌が挙げられます。この菌に汚染されると乳酸が生成されるため、やや酸味が出ます。

乳酸菌はヤクルトやヨーグルトの製造に使われる菌なので、身体には良いのです。わずかな味の変化が無視できるなら、乳酸菌に汚染されたビールは、乳酸飲料を少し混合したさらなる健康飲料といえるかもしれません。

現実に、ベルギーに古くから存在するランビックという自然発酵ビールは、野生酵母と現在のビールの汚染菌で造ったビールです。味は酸味が強いですが、ジュースなどを少し混ぜて飲めば結構おいしいのです。

しかし現実には乳酸菌が入り、やや濁りの生じたビールは回収するしかないのです。ビールと同じような理由で、安全な飲み物はコーラです。世界の2大ブランド、ペプシとコカ、世界中たいていの国で手に入ります。習慣性のある成分が入っているがゆえ、市場が大きく拡大したといわれています。

それも一つの大きな理由でしょうが、私はそれ以上に、「病原菌が生育しない」という安全性が、世界各国に拡大した大きな理由だろうと思っています。

何年か前にヨーロッパで、コカコーラ社が大きな問題を引き起こしました。添加に使った炭酸ガスに、健康を害するある種の化学物質が含まれていたそうです。市場の製品はすべて回収するという事態になったのですが、その後コーラの消費量が相当落ち込んだそうです。日本では雪印乳業の問題が記憶に新しいところです。

食べ物、飲み物のキーワードは、「まず安全であること」です。

ビール党の皆様、世界中どこへ行ってもビールだけを飲んでいる限り、健康を心配する必要はありません。少々濁っていても大丈夫です。ベルギーやドイツには最初から濁ったビールを造っている所もあります。

くれぐれも水と氷には気をつけましょう。

◆ビールと痛風の本当の関係

痛風の原因はプリン体

「ビールを飲むと痛風になる」と、いわれています。

「風が吹けば桶屋が儲かる」的な発想に近いのですが、まったく無関係ともいえないのが悩ましいところです。

痛風の原因は尿酸の結晶ですが、尿酸のもとになるプリン体という物質がビールに含まれているのはたしかです。しかしプリン体は遺伝子を構成する化学物質ですので、いろいろな食べ物に含まれています。ビールに含まれているプリン体は麦由来なので、麦を食べれば痛風になるか、という疑問が残ります。

プリン体の多い食べ物ばかり食べていると、痛風になりやすいのはたしかです。肉類や魚介類には、ビールに含まれている何十倍ものプリン体が含まれています。とくにモツのような内臓はプリン体の宝庫といわれています。細胞の分化が進んでいない卵は意外にプリン体が少ないそうです。

一方、医学的な見地では、アルコールを飲むと肝臓でプリン体が作られるのが促進されたり、尿酸の排泄が抑制され、血液中の尿酸値が上昇するといわれています。つまりプリン体の多い物を食べながらアルコールを取るのが、痛風にとって最悪ということになります。

「ビールと痛風」の関係は「ビールと肥満」の話と似かよったところがあります。

ビールを飲むときは、どうしても焼き鳥、焼肉を食べているケースが多くなります。逆の立場で考えると、ビール党の方は、食事もおのずとビールに合う焼肉、焼き鳥、焼きソバの3焼きが多くなるわけです。その結果、こう言われるのです。

「君はビールばかり飲んでいるから痛風になるんだよ」

痛風予防に尿酸値をチェック

私の実体験ですが、ビール研究所長になったころは、健康診断をしても尿酸値という項目にはまるで無関心でした。当時の数字は5㎎（ミリグラム）／dℓ（デシリットル）前後で、男性の平均的な値（3・5〜7・9㎎／dℓ）のほぼ中心でしたから、とくに注意を払う必要がなかったのです。

ちょうどそのころからビールの新製品開発競争が激しくなってきました。ビール研究所長は新製品の中身開発の責任者なので、試作品はもちろん競合他社の製品も含め、ほぼ毎日のように浴びるほどビールを飲んでいました。

試飲の時間帯はというと、感覚の鋭い昼ご飯前と夕方が多いのです。さらに仕事を終えた後メンバーと食事に行き、ビールを飲みながら新しいアイデアについて議論をする。

2次会に行ってもまたまたビール。正確にはわかりませんが、当時はおそらく1日平均3ℓ近くは飲んでいただろうと思います。大瓶に直すと5〜6本でしょうか。これは平均ですから、多いときは10本くらい飲んだ日もあると思います。年間にすると大瓶で2000本ほどになります。

ちなみに、大人も子供も含めた日本人1人あたりの年間のビール消費量は50ℓほど。大瓶にすると80本そこそこですから、いかに飲んでいたかおわかりいただけるかと思います。

会社の健康診断は年2回あるのですが、あるときから健康診断をするたびに尿酸値が0・5㎎／dℓきざみに上昇を始めました。1年で1㎎／dℓの上昇です。

3年ほどすると、いよいよ上限値の8㎎／dℓの直前まで近づきました。周囲に痛風を発病した人もいたので、その苦痛は身近に感じていました。このまま続けると危なそうと、主治医に相談に行きました。

「皆さんは痛風を軽く思われているようだが、尿酸の結晶が腎臓や他の臓器に刺さると大変な重病になるのです。副作用のない薬で簡単に下がりますから予防しなさい」

いただいた薬をまじめに毎日飲み続け、次の健康診断を迎えたのです。人間、正直なもので、診断結果の記録用紙を開くと、以前は目もくれなかった尿酸値の欄に自然に視線がいってしまいました。

当然平均値からははずれたマークはないはずだと思っていたにもかかわらず、はずれのマーク。不思議に思ってよくよく見ると、なんと尿酸値は1・5㎎／dℓほどで、じつは下限を外れていたのです。薬の効き過ぎでした。

再度主治医に相談したところ、「減り過ぎも良くないので薬を飲む頻度を減らしなさい」とのことで、その後は調整しながら、現在では1、2週間に1粒といった具合になっています。尿酸値は6～7㎎／dℓを推移していて、一応正常値を保っているのです。

痛風はビールだけが原因ではない

振り返ってみると、私の場合は尿酸値が上がった原因として、ビールの飲み過ぎにあるのは間違いないでしょう。しかし、飲んでいる量が皆様に比べて異常に多く、極端な話、体内からアルコールがなくなる時間がほとんどないくらい飲んだのです。ビールに含まれているプリン体も少しは影響したかもしれませんが、体内にアルコールがある状態で、毎日昼食と夕食を取り続けたのが最大の原因と思っています。

まさしく「こんな食生活をすれば痛風になりますよ」という典型的な生活を送っていたのです。薬のお陰で痛風は回避できていますが、ビール造りに携わる職業病かもしれません。

繰り返しになりますが、痛風はビールだけが原因というわけではありません。アルコールが体内にあると尿酸の代謝が抑えられるという点が重要です。

「私は痛風が危ないので、ビールでなく焼酎にします」

と、焼肉を食べながらおっしゃられる方がいますが、ビールを飲むのと大差がありません。焼肉にはたっぷりプリン体が含まれていますし、焼酎にはしっかりアルコールがあります。本当に気遣うなら、焼酎ではなくウーロン茶にしないといけません。
私の例に限らず、痛風は食生活とちょっとした薬の援助で防げますから、自分の尿酸値を見ながら注意を払い、好きなビールを気遣いなく飲まれるのがよろしいかと思います。

〈参考資料〉各種アルコール飲料と食品のプリン体含量の比較
総プリン体量（mg／100g）
ビール：4～7（大瓶1本で25～45）
日本酒：1～2
ワイン：0・5前後
蒸留酒：0・5以下
食品類：150～1000(牛、豚、羊などの臓器、仔牛、にしん、まぐろ、からす貝等)

◆遺伝子が決める酒に強い人弱い人

酒を分解する酵素と遺伝子

ビールをグラス半分も飲めない人は、人生の偉大なる大きな喜びの一つを、生まれながらにして享受できない、というハンディを背負ってしまっているのです。

ビール党の皆様、ともに神に感謝しましょう。

しかし、この不公平さはなにに起因するのでしょうか。最近の流行語のDNAではありませんが、酒（アルコール）に対する強弱は、じつはこのDNAが支配しているのです。

まず喉を通ったビール中のアルコールが、どうなっていくかを調べてみましょう。

アルコールは肝臓の細胞内に含まれるアルコール分解酵素によって、アセトアルデヒドという物質に分解されます。この物質はじつはクセモノで、いろんな細胞に害を及ぼします。似た物質にフォルムアルデヒドというのがあります。通常フォルマリンと呼ばれており、一種の麻酔薬です。

中学時代の蛙の解剖実験を思い出してみてください。蛙にフォルマリンを嗅がせて麻痺させた後、解剖し、電気を通して足をピコピコと痙攣させる実験です。このフォルマリンほど毒性は強くありませんが、アセトアルデヒドも似たような働きがあります。

アセトアルデヒドは、アセトアルデヒド分解酵素によって酢酸（お酢）に分解され、最終的には炭酸ガスと水にまで分解されて解毒されてしまいます。

アルコールをアセトアルデヒドに分解する酵素はほぼ平等に与えられていますが、その次の酵素は平等に与えられませんでした。地球上が酒飲みであふれ返り、人類が滅亡するのを神が恐れたのでしょうか。

酒にめっぽう強い遺伝子を持った人を「AA」とし、酒がまるで飲めない人の遺伝子を「BB」としましょう。この2人が結婚すると、「AB」の遺伝子を持った子供が生まれます。この遺伝子によって、飲めるか飲めないかが決まってくるのです。当然、「AA」のほうは大酒飲み、「AB」のほうはそこそこ、「BB」のほうは残念ながら下戸《げこ》となります。

なんとなく血液型と似ていますが、ここでいうA、Bは分かりやすくするために仮の記号を使ったままでなので、けっして血液型とは関係ありません。ちなみに私は血液型はA（A

O）型で酒に対する強さは「ＡＢ」のタイプです。
もうおわかりでしょうが、「ＡＡ」同士が結婚すると、一家全員大酒豪の集まりです。酒代にくれぐれもご用心。

これまでの研究によると「ＢＢ」のタイプは、モンゴル人にそのルーツがあるといわれています。もちろんモンゴル人が誰も酒を飲めないというわけではありません。モンゴル人の誰かが突然変異を起こし、「ＢＢ」の遺伝子を持つに至ったということです。

ヨーロッパ系、アフリカ系は基本的に「ＡＡ」タイプらしいのです。そういえばドイツ人でビールを飲めないという人に出会ったことがありません。

ビールの学会で、彼らとつき合うと大変です。深夜になっても平気でビールを飲み続けています。「ＡＢ」タイプの私にとっては、日ごろ飲んで鍛えているとはいえ、とても太刀打ちできません。自動車でいえばＦ１車に１２００ccくらいの乗用車で挑んでいるようなものです。

日本人に存在する三つのタイプ

仲間と飲んでいると、人生においてどのタイプが得かという議論になることがときどきあります。まず基本的に「ＢＢ」は損だというのは誰もが同意するところです。「ＡＡ」と「ＡＢ」となると、これはなかなか難しい議論となります。

「ＡＡ」の良さは、ともかく気分よくビールや他の酒を、ほとんど好きなだけ飲めることです。しかしこのタイプの方々は、健康に留意しなければなりません。肝臓がその負担に耐えかねています。脳細胞がアルコールで犯され、アル中直前。酒代がかさみ、女房と大喧嘩。線路に横たわって列車を止める……。いろいろな危険が潜んでいます。

「ＡＢ」タイプはその心配はありません。しかし、飲み進むにつれて頭がずきずき、胃がむかむか。赤く火照った顔がやがて蒼白に。耐え切れずトイレに駆け込み、せっかく食べたご馳走を吐き出し、酔いから醒めてしらけムード。いったい、今まで飲んで食べたのはなんだったのか。「ＡＡ」型が気持ちよく飲むのを横目に、自分の適量を感知しながらアセトアルデヒドが溜まり過ぎないよう、こわごわ飲み続けるのです。

このように、日本人にはお酒に対して三つのタイプが存在するので、自分がどのタイプかよくわきまえて、酒とつき合うことが大事です。

正確な数字はよくわかりませんが、おおよそ20〜30％が「ＡＡ」のタイプ、50〜60％が「ＡＢ」タイプ、10〜20％が「ＢＢ」タイプではないかといわれています。

また最近ではパッチテストにより、自分がどのタイプなのか簡単に判別することができます。日ごろビールやお酒を飲んでおられる方は「ＢＢ」であるはずがありません。「ＡＡ」か「ＡＢ」かのどちらであるかを簡単に見分ける方法があります。昨夜、飲みながらなにをいったか、またどうして家に帰ったのか、まったく記憶がないというような経験のある方は間違いなく「ＡＡ」タイプです。

◆快い酔いと危険な酔い

悪いアルコールの印象

お酒と聞くと、おいしくて身体にもなにかしら役に立つような気がします。また、お祭り、正月、結婚式などめでたい席では、いずれもお酒がつきものです。

ところが、アルコールと聞くとあまり良い連想は起こりません。アルコール性肝炎、飲酒運転のアルコール濃度、アルコール依存症等いずれも悪い表現です。アルコールで消毒するといいますが、お酒で消毒とはまずいいません。

世の中でアルコールの害について研究するとき、たいていネズミなどの動物実験でその影響を調べています。そのデータで、1日の適量はお酒1合だとか、ビール大瓶1本等といわれています。

たしかに純粋なアルコールを飲むとなると、その研究結果はおそらく正しいのでしょう。

しかしお酒になると、とたんに様相が変わってきます。

すでに述べたように、ビールには身体に良いさまざな成分が含まれています。またお酒を飲むときは楽しく飲んでいます。けっして単純アルコールの弊害だけでは語ることができない効果があります。

しかしながら、アルコールの影響も少々知っておく必要があります。一時、若者の間に一気飲みというのが流行ったことがありました。なかには命を落した若者もいました。それはまさにアルコールの弊害によるものです。ビール党の方々はあまり心配することはないと思いますが、ときにはちょっと浮気をして、他の度数の強い酒を飲まないとも限りません。少しだけ脳細胞に及ぼすアルコールの知識を知っておいてください。

アルコールの血中濃度が及ぼす影響

一般的な意味の「お酒」を飲んだときの酔いには2種類あります。アルコールが分解されてできるアセトアルデヒドによる酔いと、アルコールそのものによる酔いです。

前者は主にアセトアルデヒド分解酵素を1種類しか持っていない人がよく経験します。頭がずきずき、胃がむかむかという症状です。アルコールよりも低濃度で、私達の細胞によりきつく作用します。きつく作用するので、逆にいうと危険度は少ないともいえます。

一方、アルコールによる酔いは、分解酵素が1種類の人も2種類持っている人も同じです。お酒を飲み始めてしばらく経つと、たいてい良い気分になってきます。これがアルコールによる酔いです。

お酒を飲み続けると、血液中のアルコール濃度が徐々に増えてきます。おおよそ0・1%まで増えると、大脳の新皮質が麻痺してきます。新皮質は本能を抑える理性の働きがあります。そこが麻痺してくると、緊張感がほぐれます。日ごろ、上司に向かっていえないこともストレートにいえるようになってきます。いわゆるほろ酔い気分という状態です。ビールでいえば大瓶2、3本程度飲んだ状態でしょうか。日ごろはこの状態を維持したいものです。

大脳新皮質が麻痺した状態がもっとも快い酔い気分ですが、ときにはこの程度の酔いでは、

「今日の上司のあの言葉が忘れられるかい!」とか、

「失恋のこの心の痛みを誰が癒してくれるのか!?」というときもあるでしょう。ビールを飲み続けても、なかなか次の状態になりません。ビールだけでは、よほどのハイピッチ

で飲み続けないかぎり、そう簡単には血液中のアルコール濃度は上がってくれません。

じつは、これもビールが身体に良い理由の一つです。

しかし、ときには、どうしても心のむしゃくしゃを解消したいと、ついつい勢いに乗ってしまいます。

「お銚子1本！」

しかし、あっという間に、銚子からしずくほどの日本酒しか出なくなります。

「ママ、もう1本！」

「……、もう1本！」

とうとう血液中のアルコール濃度は0・2％を越えてしまいました。なにかを喋ってはいるのですが、意味不明。トイレに立つと椅子がひっくり返る。こうなるともういけません。大脳の旧皮質が麻痺した状態です。

早々にタクシーを呼んで乗せたのはよいが、翌日たずねても、本人はどうやって帰ったのかまるで記憶がない。それでも命があるだけ良しとせねばなりません。

さらに飲み続け、血液中のアルコール濃度が0・4％程度に達すると、もはや昏睡状態になり、呼吸が困難な状態に陥ります。脳幹が麻痺した状態、いわゆる急性アルコール中毒です。

一気飲みは危険

中国では、「干杯《カンペイ》（杯を空にする）」というのをよくやります。ビールでやっている間は、お腹が張るという苦痛はありますが、意識がなくなることはありません。危ないのは白酒《パイチュウ》という蒸留酒での干杯です。日本の焼酎に相当する酒ですが、アルコール度数が60％近くあるものもあります。この種の酒で干杯を続けると、間違いなく急性アルコール中毒になります。

一時は若者の間で流行した一気飲みも同じです。アルコールの作用がわからず、命を犠牲にした若者が何人か出ました。是非ともアルコール度数の高い酒での一気飲みは避けてください。

チャンポンにするとなぜきついのか

「酒をちゃんぽんで飲むと悪酔いしやすいのはどうして」とたずねられることがあります。

私自身もそのような気がしています。とくに、ウィスキーより日本酒とちゃんぽんにすると二日酔いがきつい気がします。

基本的には飲み過ぎが原因だろうと思います。同じ酒を飲み続けると、飽きがきて飲むペースが遅くなりますが、酒のタイプを変えるとまた量が進むのです。

ビールと日本酒をちゃんぽんにするときつい理由を考えてみました。

私なりの結論です。

ウィスキーのような蒸留酒に比べると、日本酒には普通のアルコール、つまりエタノール以外に、エタノールよりも分子量が大きい他のアルコール（通常フーゼルアルコールと呼ばれる）が多く含まれています。分子量が大きくなるほど、我々の細胞にダメージを与える効果が強くなります。同じ日本酒でも米の磨き方の少ない酒ほどこうした成分がたくさん含まれます。

したがって、日本酒とちゃんぽんにしたとき二日酔いがきついというのは、飲み過ぎと同時にエタノール以外のアルコール類によるダメージがきついからではないかと思われます。ビールにも同じようなアルコールは含まれていますが、日本酒と比べるとその量ははるかに少ないのです。

高所での飲酒は危険

最後に、危険な酔いをもう一つつけ加えます。高い山などの空気の薄いところでの飲酒は危険です。アルコールの分解には酸素が必要ですから、酸素の薄い高い山の上で飲むと貧血を起こす危険があります。

私も二度この経験をしました。

最初はスイスのユングフラウヨッホという山に登山電車で登ったときです。平地から一気に３５００メートル近くの山頂に到達してしまいます。山頂のレストランでもビールが売られていました。なにも意識せず、ビールを1缶飲みました。やがて心臓はドキドキ。脈拍が相当上がっているのが自分でも感じられる状態になり、やっと、事の異常さに気づいたのです。このままでは目の前が真っ暗になり、貧血で倒れると思い、その場にじっと座り込んで事なきを得たのでした。

二度目は米国のビール醸造学会に参加したときです。会場は標高２０００メートル強のデンバーから車でさらに数時間、ロッキーマウンテンの中腹にある避暑地でした。標高は３０００メートル強。ほぼ富士山の頂上付近です。このときはスイスでの経験が生きました。

ビール醸造学会ですから、パーティでは当然ビールが山ほど出てきます。しかし初日は同僚と身体の様子を伺いながら、ビールをなめるように飲んでいました。周りを見渡すと、普通の会場ではまったく顔色も変えることなく飲み続ける西洋人も、このときばかりは大半が赤ら顔。やはり酸素の影響は大きいものだとつくづく実感したのです。

一方で、人間の適応性の早さもこのとき経験しました。5日ほどその学会の会場近くで宿泊したのですが、3日目くらいになると相当量のビールが飲めるようになってきました。きっと血液中のヘモグロビンの数が増えてきたのだと思います。マラソン選手が高所で練習するのと同じ現象です。

スポーツ選手に大酒飲みの人が多いのは、身体の大きさに加えてきっと血液中のヘモグロビンの数も多いのだろうと、このとき妙な納得をしたのです。

◆酒は百薬の長か、ビールは百薬の長か

肝臓が悪いとビールを控えるべきか

古くから、「酒は百薬の長」と言われ続けてきました。本当なのでしょうか。長年言われ続けているのですから、おそらく真実だろうと思われます。しかしながら、具体的にその理由を問われると、あまり明確な答えが出せません。

なんとなく、「身体が暖まり血行が良くなるから」とか、「酔ってリラックスするからじゃないの」とか、一応それらしい理屈は言われています。しかしもう一歩突っこんで「本当に？」と聞かれると、なかなか自信を持って答えられません。

私は仕事柄、年がら年中ビールを飲み続けています。しかも1日に飲む量は日本人1人当たりの平均量の約10倍以上、つまり2～3ℓは飲んでいるだろうと思われます。それでも毎年の健康診断では肝機能はいたって正常で、しかも最近ではなかなか風邪もひきませ

ん。

こうした経験から、「ビールは百薬の長」であると信じているのですが、ほとんどのお医者さんは肝機能が少し悪いと、ビールも含め酒を控えなさいと注意します。

「ビールだけを飲んでいれば、健康になること間違いなし」

このように常々主張している私にとっては、どうしてもこの問題をクリアしておく必要があります。

そこでこの古くて新しい難題に挑戦してみたいと思います。

お酒がたくさん飲めるかどうかは、アセトアルデヒドの分解酵素の有無によって決まり、次の3つのタイプに分かれることはすでに述べました。

タイプ①：アセトアルデヒドの分解酵素を2種類持っている（AA）

タイプ②：2種類の酵素のうち1種類しかない人（AB）

タイプ③：分解酵素がまったくない人（BB）

タイプ①は、俗にいう底なしに飲める人です。

タイプ②は、そこそこ飲めるが、飲み過ぎると頭痛がしてきて、気分が悪くなり、そのうち食べたものをもどしたりする人。

タイプ③は、ビールをグラス1杯も飲めるかどうかという方で、俗に下戸《げこ》といわれる方です。

このなかで健康上もっとも気をつけなければいけないのは、タイプ①の方です。このタイプの方は大量のお酒を飲む方で、肝機能をこわしたり、アル中になりやすいのです。またアルコールによって一時的に脳細胞が麻痺し、いわゆる酩酊状態に陥りやすいのもこのタイプです。

タイプ②の方は、たくさん飲むと気分が悪くなるので、たいがいそこそこで飲むのをストップします。結果的にアルコールによる障害は少なくなります。

日本人の場合は、タイプ②の方が5割を超すといわれています。

一方、欧米人はほとんどタイプ①で、彼らの酒の飲み方は我々の常識を遥かに超えています。

キーワードはリンパ球

このように、飲み過ぎると身体に悪い酒が、なぜ古来より「百薬の長」といわれ続けているのでしょうか。

最近のいくつかの研究により酒の効用が唱えられています。

たとえば、赤ワインにはポリフェノールが多く含まれ、抗酸化剤の役割をするので動脈硬化に良いとの理由で、一時赤ワインがブームになりました。ビールでも麦芽が多いビールは同じくポリフェノールが多く含まれており、身体に良いと言われ出しました。

しかしポリフェノールだけをいうなら、ウーロン茶や日本茶にも多く含まれている上、アルコールがないので身体に良いはずです。しかも日本では古来よりお茶は毎日飲用されてきました。もし、ポリフェノールがキー物質なら、きっと「お茶は百薬の長」という言葉が伝わってきたに違いないと思います。

ではどうして百薬の長は「お茶」でなく「酒」でなければいけないのでしょうか。

最近の医学の進歩で、やっとこの答えがわかってきました。キーワードはリンパ球です。リンパ球は我々の体内における免疫物質です。リンパ球が増えれば免疫力が高まり、減れば免疫力が低下するため、病気にかかりやすくなるそうです。

がん治療で、しばしば放射線による治療をします。放射線はがん細胞も壊しますがリンパ球も壊すため、免疫力が低下します。この治療を続けている患者さんが、免疫力が低下したために肺炎などの他の病気を併発して死亡するケースがよく見受けられます。

この重要なリンパ球の増減を左右するのがストレスであることが、これまでの研究でわかってきました。

陽気な酒は健康に良い

さて、ここから先は私の経験に基づいた推察だったのですが、じつは後述しますように、この推察が事実であることを証明してくださった方がおられます。

皆様がお酒を飲むシーンを思い浮かべてください。

ほとんどの方は友人、同僚と大声で喋りながら楽しく愉快に飲んでいるのではないでしょうか。なかでもビールを飲んでいる場合は、もっとも騒いでいるケースが多いでしょう。日本酒やウイスキーの場合は1人しんみりというケースもままありますが、ビールをしんみりというケースはほとんど考えられません。ともかくビールを飲みながら、喋る、歌う、踊るなど、大いに発散することが体内のリンパ球を増やし、健康を維持する秘訣らしいのです。

私も4年半、利根川工場で単身赴任の生活を送りました。夜はほとんど外食でしたが、気心知れた何人かと、気心知れた小料理屋で『モルツ』の樽生を飲みながらお喋りに花を咲かせ、そのあと立ち寄ったスナックでも、再び『モルツ』を飲みながらカラオケ。

ほぼ毎日、一般の方が驚くほど大量のビールを飲んでいたにもかかわらず、4年半余り風邪もひくことなく健康に過ごせました。これは間違いなく、リンパ球が増え「高い免疫力」を維持できたからだと信じています。

自分の体験といくつかの情報をもとに、ビールを飲み続けると病気にかかりにくい理由を推察していたのですが、医学的な根拠がないので、最後の一押しに一抹の不安がありました。


この仮説を立ててから1年ほど過ぎたある日の新聞で、「がんは気からが医学的に証明された。がんにならないための性格改造・気分転換術」という見出しが目に入りました。

私は食い入るようにその記事に目を走らせました。記事の内容を要約するとこうです。

放射線影響研究所（広島市）の今井一枝博士らが、男女850人を対象に調査したところ、情緒不安定で内向的な人ほど、がん細胞を攻撃するナチュラルキラー（NK）活性が低く、情緒が安定していて外向的な人より、発がん率が1・4倍高くなるとのこと（専門家にたずねたところ、ナチュラルキラー活性はリンパ球に基づくとのことです）。

記事はさらに、どうすればナチュラルキラー活性を高め得るかと続けています。

（1）笑う門にはがんはこない……笑うことでα（アルファ）波が出て、精神的にリラックスでき、NK活性が高まる。

（2）好きなカラオケで歌いまくれ……カラオケの好きな人に1時間半歌を歌わせたところ、NK活性が高まった。

以下、（3）歩くこと、（4）早起き、（5）前向きな気持ち、（6）食べたい物を3食きちんと食べる、といったことが大事だと続いています。

この記事を読みながら、思わず笑みがこぼれてきました。さっそく何枚もコピーして友人に配り回ったのです。

推測に過ぎなかった私の仮説が、やっと医学的に証明されました。これを契機にカラオケをやる回数が増えたわけではありませんが、正当な理由ができたのはたしかです。

健康を回復させた『モルツ』

さらに、ビールが他の酒に比べ健康に良いと感じた経験がいくつかあります。

まず私自身の体験として、これほどビールを飲んでいるのに、肝機能にまったく異常がありません。

また、私の工場で肝機能の数値が悪いあるメンバー（ウィスキーのロックが好きだった人）にアドバイスをしました。

「『モルツ』だけに変えなさい」

そのメンバーは素直に『モルツ』だけを飲み続け、なんと半年後の健康診断で肝機能の数値が、ほぼ正常値の範囲に入ってしまったのです。

私もここまで効果があるとは思わなかったので、ちょっとびっくり。当然彼はビール党に変身。今でも肝機能は正常だと聞いています。

社外の友人Fさんは、酒を飲むときは『モルツ』しか飲まないという、大変ありがたい友人です。

夕方6時から食事を始め、2次会、3次会と店を渡り歩き、帰宅が深夜の1時、2時になろうとも、Fさんはずっと『モルツ』を飲み続けています。さすがの私もFさんにはついていけません。よくお腹がふくれないものだと感心して眺めています。

健康診断の結果を聞きましたが、肝機能関係はまったく異常がないとのことでした。

私が上海に転勤して間もなく、そのFさんが上海に出張で来られて、2人でビールを飲みました。

「麦芽100％の『モルツ』でなくてすみませんね。相変わらず日本では『モルツ』ですか」

「じつは、今年ちょっとした騒動がありましてね……」

聞くところによると、最近の人間ドックの結果、ガンの疑いがあるので精密検査を受けなければならなくなり、結果が出るまでの数週間、好きな『モルツ』もやめたそうです。

奥様は不機嫌顔だったそうです。

「中谷さんは『モルツ』を飲んでいれば、ガンにならないとおっしゃっていたのに、あれはうそだったのですか」

最終的に結果は、まったく問題なしで無事おさまったとか。

「やっぱり大丈夫だったでしょう。でも『モルツ』を我慢した数週間はストレスがたまって、免疫力が落ちたのと違いますか」

「そうそう。不安からくるストレスと、『モルツ』を飲まないストレスで、なにか調子悪かったですよ。『モルツ』を再開したので今は健康そのものですが」

このFさんも、最近は『モルツ』から『ザ・プレミアム・モルツ』にかえてくださったとのことです。いたって健康と伺っています。

ビールは百薬の長

ビールには成分そのものにもいろいろな薬理効果があることが知られてきました。

2002年9月24日の日刊工業新聞に、岡山大学薬学部の有元助教授らの研究グループが、ビールの複数の成分に、発がん性物質の働きを抑える効果があることを見い出した、という記事が掲載されていました。成分の一つは、核酸化合物の1種だそうです。

またビールは麦芽由来のカリウムが多く、ナトリウムが少ないという特徴があります。ビールを飲んでいると血液中のカリウムが多くなり、ナトリウムが減ってくるそうです。利尿効果の一つの要因でもあるのですが、同時に血圧を引き下げる効果もあるといわれています。

高血圧の方には、よりカリウムが多い麦芽100%のビールが良いということになります。最近では、ホップ成分やアミノ酸、グルタチオンなどの効用も報告されています。

そこで結論です。

「酒は百薬の長は本当か」

というこの項の命題は、

「ビールは百薬の長か」

と変更して、

「イエス！」

これが私の結論です。

■エンジェルリングの謎

サントリーの工場見学に行くと、見学後においしい生ビールの試飲ができます。飲む前にグラスの泡を観察すると、細かな泡の層と液の間にいっそう細かな、泡とも液ともいえない層があるのがわかります。この層を「スモーキーバブル（煙状の泡）」と呼んでいます。ビールをぐいっと飲んでグラスを元の状態に戻すと、スモーキーバブルは一度ビールの液の中に戻り、再び浮き上がってきます。このとき、この層から細かな泡が発生します。その結果、グラスには最初の状態よりも多いくらいの泡が残ります。繰り返し飲んでも、最初ほどではありませんがまた泡が再生されます。このような状態でビールを飲むと、飲み終わった後にはグラスの側面にきれいなリング状の泡が残ります。この泡を、「エンジェルリング（天使の輪）」と呼んでいます。

エンジェルリング。飲み干したあとがきれいなリング状の泡の線となって残っている。

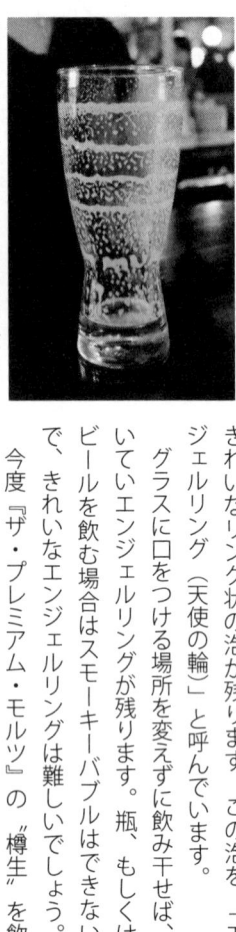

グラスに口をつける場所を変えずに飲み干せば、たいていエンジェルリングが残ります。瓶、もしくは缶ビールを飲む場合はスモーキーバブルはできないので、きれいなエンジェルリングは難しいでしょう。

今度『ザ・プレミアム・モルツ』の〝樽生〟を飲むとき、じっくり観察しながら飲んでみてください。

おわりに

前本の『とりあえずビール　やっぱりビール！』は、高校の同級生が急死したのをきっかけに、酒を飲んでなおかつ健康な生活を送るにはどうすればよいか、ということを念頭に書き上げたわけですが、8年経ってビール業界にも大きな変化があったので、前本の出版に当たり編集の労を担ってくれた立畑健児氏に、「現役を退任したら改訂版を出版したいので協力してほしい」とお願いしたところ、快く引き受けていただきました。

前本を出版した当時は、まだ『ザ・プレミアム・モルツ』の名前がほとんど知られていなかったので、立畑氏もさして興味を示さなかったのですが、モンドセレクションで「最高金賞」を受賞してから、大の『ザ・プレミアム・モルツ』のファンとなっていただいています。

氏には、かなり前からサントリーの直営レストランで『ザ・プレミアム・モルツ』の前身の『モルツ・スーパープレミアム』を何度か飲んでいただいたことがあるので、「その当時に飲んだビールの特徴を覚えている?」と尋ねてみましたが、あまり記憶が定かでありませんでした。やはり「最高金賞」をいただいた後の『ザ・プレミアム・モルツ』の味は、氏にとっては相当のインパクトで舌に響いたようです。

のちになってから聞いた臭《くさ》い(?)話ですが、氏がいつものように朝、トイレで新聞をなにげなく読んでいたとき、目に飛び込んできた「『ザ・プレミアム・モルツ』最高金賞受賞」の文字を見た瞬間、便座に座ったまま思わずガッツポーズをしたそうです。翌年(二度目の受賞広告掲載)と、その翌年(三度目の受賞広告掲載)もトイレの中で同じことをしたといいます。

『ザ・プレミアム・モルツ』は、私も含め生産・研究に携わってきた面々にとって、長年取り組んできたビールの味や泡の研究結果と生産現場での改善活動の集大成のようなものであり、「ザ・プレミアム・モルツ最高金賞受賞秘話」を冒頭に持ってきたのも、氏の熱い思いと筆者の思いが一致した結果でもあります。

出版に当たっては、立畑氏はもちろん、双葉社の中島文夫氏、サントリーのビール事業部の関係各位及び広報部からの親切な資料提供等、多くの方々に大変お世話になりました。この場を借りて厚く御礼申し上げます。

２０１１年６月　　中谷和夫

【参考文献】

1.『地球ビール紀行』 村上満・1994年・東洋経済新報社
2.『ビール世界史紀行』 村上満・2000年・東洋経済新報社
3.『魔法の舌』 伏木亨・1996年・NON Book・祥伝社
4.『お酒の健康学』 アルコールと健康研究会・1996年・金芳堂
5.『お酒のはなし』 日本農芸化学会・1994年・学会出版センター
6.『酒学入門』 穂積忠彦・1977年・毎日新聞社
7.『ビール大全』 渡辺純・2001年・文春新書
8.『ビール15年戦争』 永井隆・2002年・日経ビジネス文庫
9.『醸造成分一覧』 日本醸造協会
10.『The New World Guide to Beer』 Michael Jackson. 1988. Quatro, London

本書は、株式会社日本文芸社より2003年4月に発行された『とりあえずビール やっぱりビール!』に加筆・修正を加えたものです。

中谷和夫（なかたに　かずお）
1948年和歌山県生まれ。74年京都大学工学部工業化学科修士課程修了後、サントリー入社。85年ビール酵母の研究により、京都大学より工学博士号を授与。89年ビール研究所長。94年日本で初めて発泡酒を開発。97年利根川工場長。02年上海サントリー有限公司社長。05年（株）サントリー取締役（品質保証部長、酒類生産部担当）品質本部本部長。08年同社常勤監査役。09年サントリーホールディングス（株）常勤監査役。11年同社経営顧問。
【手がけた主な商品】『モルツ・スーパープレミアム』『モルツ』『スーパーホップス』『ダイナミック』など多数。
【受賞】80年酵母の研究で「全米醸造学会会長賞」受賞。83年大型発酵タンクの研究で「日本醸造学会技術賞」受賞。96年泡の研究で2度目の「全米醸造学会会長賞」受賞。

双葉新書０３２

ビールを極める

2011年7月10日　第1刷発行

著　　者　中谷和夫《なかたにかずお》
発 行 者　赤坂了生
発 行 所　株式会社双葉社
〒162-8540　東京都新宿区東五軒町3番28号
電話 03-5261-4818（営業）　03-5261-4836（編集）
http://www.futabasha.co.jp/
（双葉社の書籍・コミックが買えます）
装　　幀　妹尾善史
編集・本文デザイン　立畑健児
印刷所・製本所　中央精版印刷株式会社

　ISBN 978-4-575-15381-1 C0295